中国文化史知识丛书

中国的宫廷饮食

修订版

苑洪琪　著

商籍印书馆国际有限公司

中国·北京

图书在版编目（CIP）数据

中国的宫廷饮食/苑洪琪著. -- 修订版. -- 北京：
商务印书馆国际有限公司,2024.4
（中国文化史知识丛书）
ISBN 978-7-5176-1065-6

Ⅰ.①中… Ⅱ.①苑… Ⅲ.①宫廷－饮食－文化－中
国 Ⅳ.①TS971.2

中国国家版本馆CIP数据核字(2024)第055226号

ZHONGGUO DE GONGTING YINSHI

中国的宫廷饮食（修订版）

著　　者	苑洪琪	
出版发行	商务印书馆国际有限公司	
地　　址	北京市朝阳区吉庆里14号楼	
	佳汇国际中心A座12层	
邮　　编	100020	
电　　话	010-65592876（编校部）	
	010-65598498（市场营销部）	
网　　址	www.cpi1993.com	
印　　刷	三河市紫恒印装有限公司	
开　　本	797mm×1092mm　1/32	
字　　数	120千字	
印　　张	6.75	
版　　次	2024年4月第1版第1次印刷	
书　　号	ISBN 978-7-5176-1065-6	
定　　价	28.00元	

前　言

　　饮食是人类赖以生存的物质基础。饮食生活是千百年来人类生活、生产实践的丰富积累和历史积淀。饮食资料伴随着人类改造自身、改造自然而不断地开发与发展。饮食的内涵则又是人类精神文明和物质文明的直接体现。

　　人类从"茹毛饮血"的原始社会到共同劳动、共同消费的母系氏族社会，再到产生了私有制的父系氏族社会，无一不是追求以果腹为人生第一件大事，无一不是以对饮食资源的占有与分配为区别的。在强烈的饮食意识驱使下，占有饮食的数量多寡、质量优劣都成了部族、国家荣辱兴衰的象征和标志。因此，人们对饮食的追求、崇拜，远远地高于其他活动。无论早期人类社会的烹饪水平如何原始粗糙，饮食品种如何单调、乏味，占有饮食材料资源的上层社会都具备了饮食特有的职能——追求物以稀为贵的价值观念，崇尚奢华的饮食排场的宫廷饮食活动。无论是"累茵而坐，列鼎而食"还是"食前方丈，罗致珍馐"的饮食方式，都是饮食品种丰富和用餐者身份高贵的象征。对比社会底层的平民百姓日食"菜羹清汤"，这无疑是畸形的饮食观念。虽然历代统治阶级的奢侈饮食生活是以厚敛于百姓的民脂民膏为基础的，但饮食作为人类创造的物质财富与精神财富的总和，凝聚着各民族、各阶层、各个不同历史时期的聪明智慧和文化追求。正是历代统治者对饮食生活标新立异的奢求与享受，大大刺激了人类饮食生活的强烈欲望。随着经济与社会的发展，历代宫廷都有特色的饮食流传下来，并将民族性、地域性的传统饮食相互融合、共同发展，逐步形成你中有我、我中有你的局面，在一定程度上提高了全民族的饮食文化发展进程。这是人类饮食史上的伟大进步，是人类社会由低级到高级的严肃的社会活动。

目　录

三　宫廷筵宴

四　宫廷饮食用具

五　宫廷节日饮食

一

宫廷饮食的
特点、管理及其他

1. 古代帝王与饮食的传说

在我国历史上，有威望的氏族领袖或帝王在解决民食、提高人类饮食生活上有所作为的，长久以来，一直受到民众的敬重和爱戴。

早在远古时期，原始人类使用粗糙的石块和笨重的棍棒狩猎、采集，过着颠簸的生活，随时都受到冻饿、疾病、死亡的威胁。"燧人氏"钻木取火，教人熟食，使人们吃到了用火烧烤过的食物。熟食味道鲜美，营养丰富，烘烤的食物还可以存放，原始人从而摆脱了"饥则觅食，饱则弃余"的生活习惯。这是野蛮人和文明人为生存而摄取养料方法的重大发展。火的发明与人类对火的掌握、使用，"标志着（人类）向自由王国又迈出了一步"（贾兰坡《中国大陆上的远古居民》）。人类利用火制造农具、工具。神农氏"斫木为耜（sì）、揉（róu）木为耒"，耒耜耕种，收获谷物。伏羲氏教民结网，捕鱼打捞，开拓了人类的饮食资源。黄帝发明陶盆瓦器，用谷物蒸饭熬粥。大自然的赐予与古代先民的辛勤劳作、发明创造，缩短了人类在进化过程中的距离，促进了人类在饮食资源的开发、探索中的新飞跃。饮食用具的使用，不仅是人类饮食由生到熟的变化，还使"粥""饭"等具体烹饪方法和具体饮食名称相继出现，对改善人类生活、变换饮食结构起到了一定的推动作用。

当然，这些关于饮食的传说，是由后人追记撰写而成的，并对当时的传说附会一些神秘的色彩。这说明，在饮食生活极不发达的历史阶段，人类生存十分艰难。人们崇拜饮食，并对使人类由"生食"过渡到"熟食"的圣人怀有无比的敬仰心情，将他们当神供奉，春祀秋报。然而，人类饮食的发展与进步，是人类共同本能的追求，是千百年来人类社会实践、民族自尊心自强不息的集中表现。

古代人们不仅世代传颂着对解决人类饮食做出贡献的先人们的美好传说，还对一些改善民间疾苦、体贴万民生存的君主做了诗一般的描述。"大禹治水"和"盘庚迁都"就从不同侧面表现了他们身为统治者仍能与平民百姓同甘共苦的品德，成为千百年来妇幼皆知的故事。

大禹是原始社会末期治水的英雄。史载，他带领众人治理古黄河水患13年，三过家门而不入。禹与众人一样手持工具，身背干粮，"茫茫禹迹划为九州"（《左传·襄公四年》），手足胼胝（pián zhī），露宿野外。有时刚煮熟饭，又急于赶路，便折根树枝，夹食充饥……盘庚是商代的第19位国君，他为了给民众开辟一个旱涝保收的耕种环境，也为了限制日益增长的贵族特权，决定迁都。迁都前他对奴隶主贵族中聚敛财富的现象十分气愤，曾下令，命他们把所有的粮食集中起来，统一使用；将粟、谷捣成粉，做成面团蒸熟存放，食时平均分配。盘庚在迁都中、迁都后，始终与民众一起长途跋涉，共食干粮。他还亲自开垦荒地，种植五谷，当年就收获了足够的口粮，也为黄河流域作为中原农业粮仓奠定了基础。

古代君王在开发人类饮食资源的同时，发明了许多熟食的制作方法。从简单的烧烤过渡到复杂的煎、炸、烹、煮，反映出人类饮食告别野蛮时代，过渡到文明时代，并形成了古代饮食文明的观念。古代君王从"礼"的角度将饮食和权力连在一起，使"吃"成了地位的象征。日益发展的经济为后世君王供奉了享用不尽的物质基础，也大大地刺激了奴隶主贵族日益膨胀起来的胃口。商代盘庚迁都之后，自武丁再度中兴后，商王朝便开始走下坡路。君王和贵族们饮食奢侈，过着优越于常人的特殊生活。对平民百姓的疾苦由听而不闻、视而不见，到暴殄天物，饮食滥用。从商纣王的"酒池肉林"、周天子的"食用八珍"，到汉唐宫廷的"觳旅重迭，燔（fán）炙满案"，无一不是统治者显示权力的象征。历代宫廷贵族为了显示吃得文雅、吃得体面，为了吃出威风、吃出不可一世的精神，将吃载入宫廷礼制，用固定的礼仪程式加以维护，由此揭开了宫廷饮食的序幕。

2. 宫廷饮食的演变与发展

　　宫廷饮食，是特定环境下畸形发展的一种特殊饮食生活。宫廷是帝王生活的环境。作为帝王之家，他们食天下精华食品；作为统治集团，他们又常常受到等级制度和伦理观念的约束。《礼记·礼运》中载："夫礼之初，始诸饮食。"中国是文明古国，中华民族是讲文明重礼貌的民族。早在上古时代，先人们就十分重视祭拜祖先、祭拜天地的礼仪活动。我国以农业立国，人们赖以生存的物质基础是土地，土地种植五谷，养育众生；天神呼风唤雨，使五谷丰收；而人间的兴旺平安，又得到祖先的庇护。因此，古人在春播、秋收之后，都要举行隆重的祭祀活动，将收获的谷物，猎获的肉食做成丰盛的祭品，祭祀祖先和天地诸神，感谢他们赐予的一切，祈求来年更大的丰收。祭祀之后，人们兴高采烈地将祭品吃掉。但是，古代祭祀有极其严格的规定，不同身份、不同地位的人与祭祀食品有明确的区别。在周代，天子祭祀食品用"会"。"会"是最高等级的祭品。它是由三个"太牢"组成的。古人将牛、羊、猪组成的祭品称为"太牢"，三个"太牢"为一

"会"。诸侯祭祀用"太牢"。卿祭祀用"特牢","特牢"是用牛组成的祭品。大夫祭祀用"少牢","少牢"是用猪、羊组成的祭品。士祭祀用猪，庶人祭祀用鱼。古代祭品的丰俭与多寡，代表了人们对食物的占有程度；对食物的占有，又反映出在宗法制的桎梏下占统治地位的奴隶主贵族阶层所占有的特权。如周天子用丰盛的祭品祭神，神必然"降福于斯"。周天子食用了带有"福"的祭品后，便在人君的身份上又披上"神"的合法外衣，不仅能主宰人间命运，还能沟通天、地、神与人的信息，成为人、神双重权力的特有者。在这种等级观念中形成的祭祀制度，划定了各阶层的祭祀规格，也划定了各阶层的消费标准，因而形成了"上下有别""贵贱不逾"的饮食伦理观念。统治阶级崇尚奢华饮食排场的做法得到了提倡，并用物化的形态为宫廷饮食打下了明显的印记。

在等级制度约束下，历代统治集团穷奢极欲，大兴靡费之风。商周时期，奴隶主贵族饮食用"鼎"表示其规模。殷王筵席"味列九鼎"。九，即大、多的意思。"列鼎"，是形制、纹饰相同，大小容积不同的鼎依次排列。等级越高，用鼎越多，肴馔的品种也就越丰富。"九鼎"是用鼎数量最多的等级，以牛为首，其余八鼎分别盛以羊、猪、鱼、腊、肠胃、肤、鲜鱼、鱼腊。盛牛的鼎最大，举世闻名的后母戊大方鼎，据说就是殷王和贵族们饮宴时用来煮牛肉的。诸侯用七鼎、卿大夫用五鼎、士用三鼎，都没有牛。奴隶社会的等级制度将"饮食"这一本身无贫富、无贵贱的消费现象划定了它特有的内涵。随着统治阶级无处不在的统治意识，宫廷饮食首开奢靡之先河。到了周代，周公旦始定礼仪制度，天子的饮食制度以"礼"的程式而载入礼志，历行千载而不废。

《礼记·礼器》中曾记载："天子之豆二十有六，诸公十有六，诸侯十有二，上大夫八，下大夫六。"明确地记叙了周代饮食制度的等级差别。豆，是一种高足、带盖的食器。在古代筵席中，用豆盛放肉汁、菜汁，是看馔进行中自行调味的佐料食品。调味佐料的多寡考究，体现了宴者的排场、豪华、讲究。周天子用二十六只豆，可以想象其饮食之丰盛了。《周礼·天官·膳夫》对周代宫廷饮食门类及品种作了如下记载："凡王之馈，食用六谷，膳用六牲，饮用六清，羞用百二十品，珍用八物，酱用百有二十瓮。"食，即主食。周王室每日所食的糕、饼、粥、饭等食品是以稌（tú，稻子）、黍（玉米）、稷（黄米）、粱（高粱）、麦（大麦、小麦）、菰（gū，水生植物）六种谷类原料搭配而成的。膳用六牲，是说用马、牛、羊、犬、豕、鸡等多种肉类烹制成120个品种的珍味菜肴为主，还兼有雁、鹌鹑、野鸡、斑鸠、鹁鸽等飞禽及鱼、鳖、蜃、蚌等海鲜。周天子每日喝的饮料称为"六清"，是用稻、黍、粱三种粮食酿制的清酒及醴糟酒。除上述主食、肉食、饮料外，周王室的饮食中还有8种珍贵的食品：淳熬、淳母、炮豚、炮牂（羊）、捣珍、渍、熬、肝膋（liáo）。为了保证王室饮食的制作质量，《周礼》中还规定：掌六牲宰杀的庖人，捕获兽类、禽类的兽人和鳖人，酿酒的酒正，掌四豆之实的醢（hǎi）人，掌干肉晒制的腊人等，首要职责是"辨其名物"，在洗涤、切割、制作时，要验明正身、准确无误，不能鱼目混珠。既要把好原材料的质量关，又要保证食品制作卫生，合理安排春、夏、秋、冬各个季节的食谱。监督王室饮食中的食、羹、酱、饮的食用，要按"饭宜温、羹宜热、酱宜凉、饮宜寒"的规定办理。对酸、甜、苦、辣、咸五类调料的使用，要按"春多酸、夏多苦、秋多辛、冬多咸，调以滑甘"的要求严格去做。

人类食肉由狩猎捕捉到驯养畜禽，经过旧石器、新石器两个时代后，到商周已初具规模。但是，由于农业不断发展，耕地面积逐渐扩大，饲养畜禽的草地面积相对地缩小。马、牛、羊、猪等肉食动物的饲养成了大问题。因此，食肉便有了一定的限制。《礼记·王制》中载："诸侯无故不杀牛，大夫无故不杀羊，士无故不杀犬、豕，庶人无故不食珍。"平民百姓要等到年70后才能取得食肉的资格。只有生活在宫廷中的天子，每天可以吃到肉。即使宫廷设宴，宴请贵客，也常常因食肉不均发生争执，导致君臣关系破裂。《战国策·中山策》中就记载了"因一杯羊羹而失去一个国家"的故事。由于肉类食物短缺，宫廷饮食在享有吃肉特权的情况下，一改前代简单、粗犷的烹调方式，将牛、羊、猪等肉分档切割，将不同的部位制成不同的肴馔。把肉剔除筋骨，切成大而厚的肉称"胾"（zì），切成长长的肉条称"脯"，切成薄片或缕切成丝的称"脍"……每宰杀一头牲畜，都要按脊、肋、肩、臀等不同部位分别储存，以备烹调时各适其用。如烤、炙肴要选较好的肉，切脍要用鲜嫩的肉。周代宫廷名馔"八珍"，就是反映我国古代宫廷饮食按食品需要选料制作多种品种的一例。

春秋战国时期，用牛耕田和使用铁器农具，使农业得到迅速发展。各种谷物、蔬菜、瓜果有了大幅度增产，解决了人类的饮食消费问题。宫廷饮食在"五谷为养、五果为助、五畜为益、五菜为充"（《黄帝内经》）的丰富饮食资源之外，还嗜食一些营养价值高、滋味特殊的野味山珍，如熊掌、鹿尾都是天子和诸侯们常食的佳肴。熊掌，以后掌为上品，其脂肪高，营养丰富。据说，熊在休息时，常用嘴、舌头舐自己的两个后掌，全身的精华通过唾液都集中在熊的两只后掌上了。所以用熊掌制成菜肴，有极高的滋补性。宣公二年（前607年），晋灵公宴请客人，因他的厨子送上的熊掌不熟，晋灵公十分恼怒，一气之下，杀死了厨子（"宰夫胹熊蹯不熟，杀之"）。鹿尾，即驯鹿的尾巴。上端近三棱形，下端扁圆状，是名贵的药材，又可食用，味道鲜美，营养丰富。此外，猩猩之唇（猩唇肉）、獾獾之炙（烧烤鹳鸟肉）、隽（jùn）燕之翠（飞燕尾部的肉）、牦（máo）象之约（即牦牛的尾巴和象鼻子肉）及洞庭湖的鱄（zhuān）鱼（古书上的一种淡水鱼）、东海的鲕（ér）鱼、醴（lǐ）水的朱鳖等，经烹制后可以成为既饱腹又养身的佳肴。由此可知，随着人类饮食资源的不断开发，古人在追求美味的同时，亦对饮食营养和身体健康十分注重，逐步成为我国传统饮食最有特色的一点。

地处江南的荆、楚、吴、越等国的宫廷饮食，以其特有的水产资源构成了整个南部中国的饮食形态。长江中下游水土肥美，河流纵横，气候宜人，物产丰富，自古以来就有"鱼米之乡"的美称。主食有大米、小麦，副食有用鱼、虾、蟹、龟、鸡、鸭、鹅、猪、牛、羊等制成的各种菜肴。《楚辞·招魂》中曾记载了一份楚国贵族食用的食单，为后人揭示了江南饮食的一般情况：

稻粢（zī）穱（zhuō）麦，挐黄粱些。

大苦咸酸，辛甘行些。

肥牛之腱（jiàn），臑（nào）若芳些。

和酸若苦，陈吴羹些。

脭鳖炮羔，有柘浆些。

鹄酸臇（juàn）凫，煎鸿鸧些。

露鸡臛蠵（xī），厉而不爽些。

粔籹蜜饵，有餦餭些。

瑶浆蜜勺，实羽觞些。

挫糟冻饮，酎清凉些。

华酌既陈，有琼浆些。

⋯⋯⋯⋯⋯⋯

用今天的话来解释上述食品是：大米、小米和面粉、黄粱制作的蛋馓（sǎn）、粢粑（zī bā）、环饼，香甜酥脆，风味独特的酸甜咸辣菜肴中有肥嫩酥烂的炖牛腿、酥糯适口的酸肉羹及烧甲鱼、烤羊羔肉、炸天鹅、烹野鸡、烧雁、鹤等，佐以甘甜的糖汁、爽口的酸辣调味品和蜜饯果品。饮料有冰镇的糯米酒和梅汁羹。贵族的饮食竟如此丰盛，宫廷饮食即可想而知了。

汉、唐两代，处于我国封建社会统一的多民族国家的上升时期。政治、经济的空前发展，使宫廷饮食也进入了繁荣阶段，"四海之内，水陆之珍，靡不毕备"。汉代张骞出使西域，三国时孙权开发了中国东南区域，魏晋南北朝时期的两次民族迁徙，特别是北魏孝文帝推行的改革，加速了民族饮食的大融合，开拓了宫廷饮食的渠道。内蒙古的马奶酒成了汉代皇室最受欢迎的饮料，北方少数民族的胡饼，是汉灵帝最喜爱的食品，岭南流行的"象鼻炙"、吴越佳味"缕金龙凤蟹"，被隋炀帝誉为"天下第一美食"……特别是唐代宫廷名馔"同心生结脯""五生盘""遍地锦装鳖"等在注重味美色鲜的同时，还在菜名上化用历史典故，具有文化内涵，使不少宫廷食品名称充满诗情画意："驼峰炙"用骆驼峰烤制而成；"光明虾炙"用生虾制成；"冷蟾儿羹"为河蛤蜊汤；"白龙臛（huò）"由泥鳅鱼制成；"凤凰胎"即鱼白；"升平炙"为羊舌、鹿舌……唐懿宗的女儿同昌公主的看馔中有一名菜"红虬脯"，是用羊肉制作的。做法是将羊肉缕切细丝，码放盘中，约一尺高。食时，用筷子一按而伏，一松而恢复原样。名为菜肴，实际是一件精美的工艺品。至于韦巨源宴请唐中宗的烧尾宴中的"金银夹花平截""汤浴绣丸"等馔看菜名都寓意吉祥富贵，而且菜肴制作独具匠心，开创了既能观赏，又能食用的花色菜肴之先河。另外，宫廷饮食还根据季节变化选择看馔。如夏季气候炎热，唐宫廷特制"清风饭"来消暑。清风饭是用水晶饭、龙精粉、龙脑末及牛酪酱调配，然后装入金提缸，入冰池冷贮，专为暑天食用。"清风饭"在唐敬宗宝历年间（825—827年）十分盛行，曾被列为官内夏季消暑饮食并定为制度。

自秦代建立专制的中央集权国家以后，历代宫廷在礼制风俗上都相互延续，不断完善。历史传统习俗一经统治者"钦定"，历经千百年而不衰。如四时八节、岁时节令、皇帝生日、皇帝大婚等，都是汉承秦制，宋循唐制，清继明制。然而，最能体现节日气氛的，首要的是宫廷应节食品。本来最初由民间食俗发展起来的应节食品，被宫廷认定为宫廷御用食品后，原料、做法和形式便由质朴变得奢华。如立春日食春盘本是晋人的风俗，在立春日吃些萝卜、青菜，十分简单。隋唐以后，在立春日食莱菔（即萝卜）、生菜、春饼，取其清新之意。到南宋时期，宫廷中制作的春盘就更讲究了。《武林旧事》载，春盘"翠缕红丝，金鸡玉燕，备极精巧，每盘值万钱"。再如中秋节的月饼，在唐代仅是八月十五对月吃的"玩月羹"，南宋始见"糖心"的月饼。到清代，宫廷月饼就有香油果馅、奶酥油枣馅、香油椒盐馅、猪油松仁果馅、香油澄沙馅等多种馅心及直径2寸、4寸、8寸等多种规格的月饼，其中最大的一种直径2尺，重达10斤。此外，上元节的元宵、端阳节的粽子、九九重阳节的花糕、冬至节的馄饨等也都是代代相传的。随着时间的推移，宫廷饮食逐渐完善，从形质、数量、口味等方面呈现出丰富多姿的特点。

　　中国自奴隶制社会始建都城，以后随着朝代频繁更替，帝都变换亦频繁。历代帝都，都是国家政治、经济发展的中心，宫廷也就理所当然地成了集八方饮食精华的重地。如秦、汉、唐的都城长安（今西安），北宋的都城汴梁，后迁都的临安（今杭州），明代始建都南京、后迁都的燕京（北京）等都有着肴馔水平较高的美称。随着都城的迁移，不同地区、不同风俗的饮食习惯也得以广泛地交流、融合、渗透。《东京梦华录》中载，北宋皇城的"东华门外，市井最盛，盖禁中买卖在此。凡饮食、时新花果、鱼虾鳖蟹、鹌兔脯腊……诸阁纷争，以贵价取之"。（宫廷后妃居处称"阁"。）繁华的市井，为宋代宫廷饮食提供了方便，也助长了宋代宫廷追求美食的欲望。宋王室南迁后，将中原饮食习俗带到江南，加之江南饮食资源丰富，鱼、肉、禽、蛋、鲜果、蔬菜四季不断，使南宋宫廷饮食出现了南融北继、北料南烹的局面。1163年夏，宋孝宗赵昚（shèn）与起居郎胡铨，君臣两人小酌消夜，先后用了五道菜肴：八宝羹、鼎煮羊羔、胡椒醋子鱼、明州虾脯、胡椒醋羊头，此外还服用了真珠粉，这些菜肴既有北方常食的羊羔又有江南特产鱼、虾。正如《梦粱录·面食店》所载："南渡以来，几二百余年，则水土既惯，饮食混淆，无南北之分矣。"

明代都城始建南京，明永乐十八年（1420年）迁都北京。政治中心转移，宫廷饮食习俗随之北上。刘若愚《明官史》"饮食好尚"一节，详细地记载了明官岁时一月至十二月的饮馔时尚。

在4000多年的漫长历史过程中，各民族之间，在政治、经济、文化等各个方面，不断进行交流，互通有无，取长补短。虽然有过分裂、统一、再分裂、再统一的局面，但作为中华民族大家庭，各兄弟民族之间的交往更加密切，这种情况在饮食方面也表现得非常突出。自汉代进入宫廷的马奶酒，本是游牧民族的饮料，传入中原后融合长安官坊酿造酒的先进技术，载入《汉书·礼乐志》中，成为汉宫廷筵宴饮品之一，很受欢迎。清王朝发源于东北满族。满族纯朴、简单的饮食习惯随着清代皇室入关，带进了北京城。入关之初，清宫廷饮食大多保留满族传统：饮食原料以东北特产为主。当时有一首竹枝词是这样写的："关东货始到京城，各路全开狍鹿棚。鹿尾鳇鱼风味别，发祥水土想陪京。"到乾隆初年，宫廷饮食发生了很大变化。先是清王朝在政治上的巩固，取得全国的统治地位，全国各地争相把天下美味向皇室进贡。再有清帝南巡、东巡、西巡，品尝各地风味食品。山东孔府肴馔，苏州、杭州、扬州等江南食品使清帝大饱口福，于是清王室广招天下名厨师，引进烹饪技术，渐渐地，江南名食与江南饮食原材料在清代宫廷反客为主，成为清代宫廷饮食的重要组成部分。如清宫膳食档案记载，乾隆皇帝喜食南味鱼馔，几乎是一日一鱼。清宫饮食中将面类食品称为"饽饽"。清宫饽饽就是在满族光头饽饽的基础上吸收了江南糕饼制作的技术，使用木模、铁夹等工具制出不同花色、不同馅心、不同蒸制方法的宫廷食品。时至今日，故宫博物院还珍藏着大批饽饽木模，上有花果、鸟兽、仙人以及广寒宫（中秋月饼模具）、蓬莱阁（祝寿模具）等纹饰，这无一不是中华民族烹饪与技术交流、融合的结果。

3. 宫廷饮食的特点

宫廷饮食作为皇家生活的一部分，是以民间饮食为基础，在不断吸收传统饮食精华，不断创新烹饪技术的过程中发展起来的。如果把民间饮食、传统饮食看作主流的话，宫廷饮食就是主流中的洪峰。主流与洪峰汇合起来才能展示出中华民族古老、文明的饮食传统。就宫廷饮食本身而言，历代统治者对饮食的奢华追求，促进了饮食的繁荣与发展，综观宫廷饮食的发展，大致有这样几个特点：

（1）王天下者食天下。在我国历史上，朝代频繁更替，皇权取而代之。宫廷饮食亦因时、因地、因人而不断发展变化。饱肚果腹的饮食一旦变成满足私欲的财产，便与皇权同步而起。马克思在《家庭、私有制和国家的起源》一书中讲道："卑劣的贪欲是文明时代从它存在的第一日起直至今日的动力：财富，财富，第三还是财富——不是社会的财富，而是这个微不足道的单个的个人财富，这就是文明时代唯一的、具有决定意义的目的。"征服者用武力征服了另一个民族之后，除了以胜利者的姿态统治、奴役本民族外，还会剥削其他民族的财富作补充。这种强烈的占有欲伴随着权力的产生而产生，随着权力的扩大而膨胀。先秦，天下分成诸多小国，诸侯纷争割据，但朝贡周天子的贡品是不可少的。周厉王时，周代王宫在关中陕西丰镐，远在白山黑水间的稷慎族（即满族的先祖）就曾献过最珍贵的"麈（zhǔ）"，"成周之会，坛上……西面者，正北方，稷慎大麈"。麈是一种似鹿却比鹿体型大的动物，麈尾甚为珍贵。秦汉建立了统一的多民族封建国家，统治者出于政治上与心理上的驱力，加强中原与周边少数民族的联系，扩展了全国东、南、西、北的物产大交流。宫廷饮食更是集天下美味佳肴于一体，江南的鱼、虾、蟹，北方的牛、羊、骆驼，中原的蔬菜水果，应有尽有。就像《吕氏春秋·本味篇》中所记载的那样，不用出咸阳城就能吃到东海的鲕鱼、洞庭湖的鱄鱼、西南的穿山甲（又称鲮鲤）、旄牛的尾巴和象的鼻子（旄象之约）、云梦泽的芹菜、湛江的竹笋、海南岛的黑糯米、浙江的菜蓸和芜菁、四川的姜、广西的肉桂、江南的柑橘等。湖南长沙马王堆汉墓出土有芋头、小豆、葫芦、黄瓜、枣子、香橙、柿子、橘子、梨子、梅子、杨梅、李子、橄榄、木瓜、西瓜等物，华东的汉墓中还出土了菠菜和蕹（wèng）菜种子，皆可为当时物产丰富的佐证。全国物产大交流、大融合，丰富了宫廷饮食原料，较之先秦宫廷中以"肉食"为主的饮食方式有了长足的发展。唐代宫廷"认土作贡"，贡品，即租税。全国各地将名贵特产以租税的形式定期向宫廷纳贡，为统治者"食天下"打开方便之门，也使"王天下者食天下"走向合法化。唐代宫廷名馔"驼蹄羹""烧羔羊"就是用甘肃敦煌进贡的骆驼蹄，甘肃河西走廊和靖远、环县等地的羊羔为原材料烹制的。宋代初年，食糖稀少，仅是少数贵族和高官享用的奢侈品。而福州、泉州等地所产的甘蔗全部提炼成沙糖进贡朝廷。《宋会要辑稿·食货》载，这些沙糖以每5万斤为一纲，装运至汴京。宋徽宗时，宫廷饮食用糖不仅需"常贡"沙糖，每年还要进贡"糖霜"（冰糖）数千斤。元代置扬州鹰房打捕（达鲁花赤）总管府，掌献田岁贡，湖泊鱼虾、螃蟹，供御膳充庖。元代宫廷虽起源于蒙古贵族，却以江南作为宫廷饮食的材料供应基地，比起单一的以肉为主的饮食结构要丰富得多了。明代宫廷迁至北京后，仍以江南贡品为饮食资源，无论是果品菜蔬，调味佐料，还是鱼肉点心，无一不保持江南特色。特别是每年一度的"鲥（shí）鱼盛会"，是"王天下者食天下"的明显例子。明代鲥鱼，主要产于今江苏南京、镇江一带，每年春季溯江而上，初夏时节进行洄游生殖，此时正是捕捞的好季节。宋《食鉴本草》中说"鲥鱼，年年初夏时则出，余月不复有也"，故鲥鱼身价倍增，成为江南地方特产。明代中期起，鲥鱼被地方官吏列为贡品，开始向皇帝进贡。远在北京的明代宫廷在鲥鱼运抵前，要做好烹制的准备，趁鲜献给皇帝品尝。皇帝饱餐之后，还要把一部分鲥鱼赏给大臣和侍卫们。因此明代宫廷将品尝鲥鱼视作一次盛会。运送新鲜鲥鱼入京是极其困难的。运送时分水、陆两路，分别用快马和冰船为交通工具，并在沿途设渔场和冰窖储藏保鲜。从镇江到北京，路途大约3000里，却限定22个时辰（44个小时）送到。为争取时间，送鱼人中途不许吃饭，只许吃鸡蛋，喝酒、冰水，马歇人不歇。常常是"三千里路不三日，知毙几人马几匹？马伤人死何足论，只求好鱼呈至尊"（沈名荪《进鲜行》）。皇帝享受的鲥鱼宴，被百姓称为"鲥鱼害"。皇帝的一餐美食，是民众的一次灾难。直到清康熙年间，"鲥鱼"贡才在百姓的呼声中罢免。

由满洲贵族建立起来的清王朝，自入关即对汉族传统饮食展现出了极大的热情。在以故乡"关东货"为主要饮食资源的顺治、康熙两朝，就常以"尝鲜"为由，分地区、按季节令江南各地"呈进"贡品。如康熙时在扬州任巡盐御史的曹寅、在苏州任织造的李煦等人就多次向宫廷进燕来笋（春季），枇杷、佛手（夏季），柿子、菱角、洞庭蜜桔（秋季）以及鹅、燕、野凫（fú）、虾、蟹、鱼、鳖等等。到清代中期，宫廷饮食不仅满汉融合日久，而且南北风味渗透更深。特别是乾隆皇帝多次去曲阜，下江南，品尝美味后，眼界大开，大兴豪饮奢华之风。除每日以南味食品为食外，还将江南名厨高手召进宫廷，为皇家饮食变换花样。清宫御膳膳单上曾多次载有苏州厨役张东官、宋双、朱二官，杭州厨役沈二官等人受赏的记录。身为九五之尊的帝王，对某一厨役的赏识、赏赐，说明清代皇帝不仅要"食天下"花样翻新，还要占有烹饪技术，以此满足他膨胀的胃口。所以，清代宫廷饮食形成了荟萃南北、融汇东西的特色。

（2）地域差别造成的饮食观念。在传统的饮食文化中，由地理条件、自然条件不同而形成的饮食差别随着历史的演变构成了不同的饮食生活史，对历代宫廷饮食产生了巨大的影响。如北方民族爱吃肉、南方则以鱼虾为主要副食的饮食习惯，是与当时当地的政治、经济、文化而形成的地方观念、民族传统有渊源的。古代的中原地区是草木繁茂的天然牧场，百兽群集，出没其间，是中原各民族狩猎食肉的天然肉库。殷商宫廷经常举行"围猎活动"，在商王的带领下，每次都能获得十分丰厚的猎物，如虎、狼、野猪、野牛等。这使得殷商宫廷饮食以烤肉为主，有取之不尽的食用资源。这一饮食风俗，对宫廷以外的贵族亦影响很大。史载，商王宫内酒池行船，烤肉成林。商宫外，"车行酒，马行炙"。车马载着琼浆烤肉辚辚而行，整座整座的城市都充满烧烤的香味，足见当时食肉的普遍性。然而，到周代以后，人类由牧猎进入到农耕阶段。农耕面积扩大，草地面积相对缩小。加之早期对野生动物的盲目捕杀和驯养牲畜经验不足，人类食肉日趋紧张，有时竟显得十分困难。周至春秋战国，出现了"肉食者"与"藿食者"的等级划分，产生了不合理的消费现象，一边是统治集团争奢斗富，暴殄天物，食用八珍；一边是下层社会菜羹清汤，民有饥色，野有饿莩的悲惨生活。这不仅导致了统治阶级政权的倾覆，也给广大劳苦大众带来了深重的灾难。

北方游牧民族原以草原牧场为生活基地，过着靠山吃山、靠水吃水的游牧生活。食肉、饮乳的摄食习惯在蒙古族、满族等民族区域世代相传。无论是中原的汉族文化向各少数民族地区扩散，还是少数民族与汉民族的相互交往中饮食文化的互相渗透，都在不同程度上打上了深刻的烙印。汉代传入宫廷的马奶酒，在历代宫廷饮料中占有举足轻重的地位，大都被冠以"玄玉浆""元玉浆"等美名，深为宫廷贵族珍爱。尤其是入主中原的少数民族贵族，将传统饮食与本民族饮食相结合，取长补短，大大地丰富了宫廷饮食的内容。少数民族传统的饮食习俗更为宫廷饮食锦上添花。元代宫廷的烤全羊、烹羊羹、涮羊肉，清代宫廷的煮白肉、煳猪肉、奶酥油、奶皮子、全奶席等浓郁的风味食品，都是中国传统饮食中高层次的享受。

在江南建都立业的吴、越、楚、东吴、东晋、宋、齐、梁、陈、南唐、明等宫廷的饮食生活都带有江南鱼米之乡的特色，如四时鲜鱼，八节水产，以米为主食等等。据《吴越春秋》一书记载，吴王僚为吃"炙鱼"，被吴国公子光设下的圈套——藏在鱼腹中的"鱼肠剑"刺个对穿。东吴孙权和其孙孙皓喜食武昌鱼。据《三国志·吴书·陆凯传》记载，孙权由建业（今南京）迁都武昌，陆凯上疏谏阻，引用民谣"宁饮建业水，不食武昌鱼"。武昌鱼肉质细嫩，味道鲜美，早已是江南闻名的鱼类之一。《南史》中，曾有"齐明嗜鱁（zhú）鮧（yí），以蜜渍之，一食数升"的记载。鱁鮧是石首鱼、鲩（huàn）鱼、鲻（zī）鱼、青鱼、回鱼、鲨鱼、黄鱼等鱼鳔，用蜂蜜腌渍后食用。明朝初建都南京，1420年后迁都北京，宫廷饮食仍以江南特产为主。《明宫史·饮食好尚》正月条下，记有宫廷饮食材料种种："冬笋、银鱼、鸽蛋、麻辣活兔……蜜桔、凤尾桔、漳州桔、橄榄、小金桔、凤菱、脆藕、西山之苹果、软子石榴之属，冰下活虾之类。"尤其是明万历皇帝朱翊钧，可以说是在北京土生土长的人，

但他喜欢吃的炙蛤蜊、炒鲜虾、田鸡腿、笋鸡脯、海参、
鲅鱼、鲨鱼筋、肥鸡、猪蹄筋等，还是以江南水产河鲜为
主。这些不仅反映了明代宫廷饮食的江南特色，也揭示出
帝王饮食的好尚，促进了宫廷饮食的发展。仅就明代宫廷
饮食而言，为满足帝王后妃口欲的需求之下，南食迅速北
移，南北饮食迅速融合。至明代末期，江南食品，江南饮
食原料在北方反客为主，成为北方追求的美味佳肴。所以
说，随着社会的发展，国家的统一，各种地方饮食带着其
独有的特色融汇于中华民族的大家庭中，形成你中有我，
我中有你的繁荣局面。我国历代宫廷饮食的发展，对融合
传统饮食起到了引领作用。

　　（3）宫廷饮食的局限性。宫廷饮食是帝王饮食，是
等级最高、烹饪最精、用料最好、种类最多、季节性最强
的饮食。较之民间饮食、官府饮食、贵族饮食有着特殊的
优势。宫廷饮食作为"礼"制的一部分，被历代统治者用
固定的程式束缚着。周代周公旦制礼作乐，制定了饮食制
度，周天子的饮食被约束于六谷、六牲、六饮的范围内。
尽管五光十色的肴馔使享用者目不能遍视，口不能遍味，
尽管肴馔有着肥腻之忌、清淡之嫌，然而，周天子的饮食
不得有丝毫的更改。这种饮食礼仪制度一经形成，历代王
朝在礼仪制度上均有相对的延续性，互相继承。虽然各个
朝代的饮食制度有明显的地域差别及民族饮食特色，终究

还是遵循祖先的礼制传统的轨迹向前发展的。清代与周天子时代相距数千年，而皇帝的饮食制度却是与周天子一脉相承的。据清乾隆年间编制的《国朝官史》载，皇帝日常饮食口份是盘肉22斤、汤肉5斤、猪肉10斤、羊2只、鸡5只、鸭3只、蔬菜19斤、萝卜（各种）60个、葱6斤、玉泉酒4两、青酱3斤、醋2斤以及米、面、香油、奶酒、酥油、蜂蜜、白糖、芝麻、核桃仁、黑枣等等。御膳房厨役用这些原材料，按照祖传的烹制方法，煮、烙、烤、炸成20多种菜肴及饽饽、糕饼。年复一年，日复一日。囿于传统观念，清皇室还有吃"余粮"的制度。自清代初年起，每年都有大批江南大米经运河漕运北京的通州官仓贮存。若干年后，余粟积存日久，大米变成黄褐色的陈米，也失去营养价值，称为"官仓老米"。清宫视"官仓老米"为米中上品，专门供皇室食用。皇帝御膳中早、晚两膳必有"老米膳，老米溪膳"。据说，皇帝吃这种米，表示日子富裕，年年有余粮，日日吃余粮。直到清末的溥仪小朝廷时，官仓老米依然是主要食品。至于祖制的菜肴原料、用量及成品味道，更是不得更改的。时间一长，哪有不腻的呢！

正因为宫廷饮食的礼制传统，历史上不乏皇帝微服私访走出宫廷寻找民间美食的种种传说。隋炀帝乘龙舟巡幸，从河南洛阳到江苏扬州沿途500里水、陆范围内的官民都要贡献精美肴馔，供皇帝品尝。吴地（今苏州）献上贴着缕金龙凤花鸟的"蜜蟹"，被炀帝品为"食品第一"。宋高宗禅位后，与孝宗乘舟游玩西湖美景，舟泊苏堤时，品尝了宋五嫂烹制的"鱼羹"，大加赞赏，从此"宋嫂鱼羹"成为人所共趋的西湖美食之一。清乾隆帝6次巡视江南，5次曲阜祭孔，4次东巡谒陵，53次木兰秋狝（xiǎn）至避暑山庄，每离开清宫都大饱口福。走一路吃一路，并赐以御名，如"金镶白玉板，红嘴绿鹦哥"的皇姑菜，黄泥包鸡烧制的"叫花鸡"及苏州松鹤楼的"松鼠鱼"等等，都是皇帝的金口玉言定下的。

　　宫廷饮食虽以厚脂膏粱、山珍海味为原料，却由于因循守旧、故步自封，对于皇帝来说，味同嚼蜡，尽管千百年来一成不变的宫廷肴馔也不多见（如"八珍"就有过许多变化），但宫廷饮食的发展存在一定的局限性。透过千百年来宫廷饮食及封建帝王追求美味食品的现象，不禁令人细致地品味亚圣孟子的一句至理名言——适口者珍。也就是说，美味佳肴固然受人青睐，但由于社会地位、经济环境、地域差别等限制，人们对美味有着不同的追求，即宫廷饮食不一定是美味佳肴。

4. 宫廷饮食的管理

宫廷饮食制度繁缛复杂，它既是帝王之家赖以满足口欲的需要，又是统治者显示其政治地位、身份等级的象征。因而，在历代宫廷饮食机构中都设置一套有组织、有计划、有指挥地协调和控制的管理体系，从饮食原材料的选择、配制，到食品制作、饮食卫生、营养保健都有明确的职责范围和相应的管理制度，以确保帝王之家的饮食安全。

帝王饮食与帝王生活一样，从一开始就披上了一层神秘的色彩，受到宫廷典章制度的限制。

史载，辅佐周成王管理国家的周公旦，为了巩固周王室的统治，加强对分封诸侯国的控制，曾"制礼作乐"，把宗法制和等级制结合起来，制定了许许多多的礼仪制度。其中就有宫廷饮食管理制度和饮食管理机构的设置，对以后各朝代的帝王饮食机构建置产生了一定的影响。尽管各朝代在饮食机构中职官与职掌不尽相同，但其作用仍以《周礼》为基底。

据《周礼·天官冢宰》记载，在周代宫廷中膳夫是其饮食机构的最高官吏，统领庖人、内饔、外饔、烹人、甸师、兽人、虞人、鳖人、腊人、医师、食医、疾医、兽医、凌人、酒正、酒人、浆人、醢人、盐人等22个部门。各个具体部门内又设专职官吏，监督和管理生产和制作人员。各具体部门的人员配备，视生产、制作的工作量而定。膳夫配备上士2人，中士4人，下士8人，府2人，史4人，胥12人，徒120人，计152人。庖人配备中士4人，下士8人，府2人，史4人，贾8人，胥4人，徒40人，计70人。其他诸官，配备无定数，少者8人，多者达340多人。周王室的饮食机构共用人2332人，其中官吏（上士、中士、下士、府、史、贾）208人，杂役奴隶（胥、徒、奄人、女仆、奚人等）2124人。这些服务人员在各官吏的领导、指挥之下，各负其责，有条不紊，按时按量及时无误地提供饮食原材料，搞好制作，保障食用。各部门之间相对独立又相互协作。为了叙述方便，特将各部门的服务职能及管理范围介绍如下：

膳夫：掌管周王及其王室家室饮食的全面工作。对周王室一餐一饮负有绝对的责任。监督、检查饮食原材料及其烹调的质量。严格控制六谷、六清、六膳、百馐、百酱、八珍的取材及进献季节。六谷，即为黍、稷、稻、粱、麦、菰6种谷物做的主食。六清是饮料，即用稻、黍、粱等谷物酿制的清酒。六膳是用牛、马、羊、鸡、猪、狗6种牲畜的肉烹制的。八珍为淳熬、淳母、炮豚、炮牂（羊）、捣珍、渍、熬、肝臂8种珍贵食物。周天子所食菜肴有120种花样，反复更换。仅佐餐的调味品（各种酱）就有十几种。

庖人：掌六畜、六禽、六兽的宰杀。六畜指牛、马、羊、鸡、猪、狗，六禽指雁、鹌鹑、鹍、野鸡、斑鸠、鹁鸽，六兽指麇、鹿、熊、獐、野猪、兔。此外，庖人还要根据季节，为御厨提供新鲜的肉类。冬季宜热，夏季宜凉，春秋两季宜温，要依季节变化选材并宰杀。

兽人：掌狩猎职责。随时准备好周王室所需的猎物。根据不同季节捕捉不同的猎物：冬献狼（性温）、夏献麋（性凉），春季、秋季因时而献。

虞人：专职捕鱼捞虾。密切关注因时而肥的鱼类，适时地捕捞进献。

鳖人：捕捞鳖、蜃、蚌、龟等，兼管收拾干净及烹煮等，按时提供给周王室食用。

内饔：负责王后及世子膳食的制作。

外饔：负责祭祀及筵宴招待宾客所需的饭食的制作。

烹人：负责内、外饔所需用工具、燃料、调味品的管理。

食医：周王室的营养师。掌食品调配，监督六谷、六牲、百酱的酿制卫生工作。对周天子所食主食、副食进行合理搭配。根据四季气候变化，合理安排五味，因时因人作指导，提方案，按"饭宜温，羹宜热，酱宜凉，饮宜寒"的原则来监督。

疾医：内科医生，以营养食物调理病因。以"五味、五谷、五药养其病"，也就是采用食品疗法。五味即醋、酒、饴、蜜、姜，五谷为麻、黍、稷、麦、豆，五药是草、木、虫、石、谷。

疡医：外科医生，以营养食物治疗疾患。"以五毒攻之，以五气养之，以五药疗之，以五味节之。"

酒正：组织酿造王室用酒，监督酿酒，把控好酿酒卫生与谷物质量。选颗粒饱满的粱、稻，选用上好的曲药，用洁净、甘甜的水源，清洁酿制器皿，将原料置于干净卫生的环境中，严格把控火候。以上6件事做得准确无误，才能酿制出合格的酒。

凌人：掌冷藏冰窖。夏季天热，及时提供冰块降温、防暑。冬季十二月大寒，组织有关部门和人员破冰并存放于冰室。制作馐膳、酿造酒浆、冷藏肉类食品、宗庙祭祀及遇丧事皆需用冰。

醢人：掌管佐餐酱类的制作及配给。《礼记·内则》中记载，烹制鸡、鱼、鳖要用酱，吃鱼脍（kuài）必用芥酱。当时能制的酱有两大类——肉酱和菜酱。肉酱是将肉、鱼粉碎后，杂以粮、油、盐，浸以酒制成。菜酱，则用蔬菜加盐煮成。孔子吃鱼脍，"非芥酱不食"，"芥酱"指的就是菜酱。贵族饮膳，置酱于专用豆中。

盐人：掌管盐的政令，以供百事用盐。祭祀用苦盐、散盐，宴客用形盐，王之馐膳供饴盐，盐人要及时配给，保障供应。

笾（biān）人：掌王室用干鲜果品采购和供应，根据季节的变化，王室贵族的喜好，保障供应。

幂（mì）人：掌管食器、食具、罩具的收藏与供应。适时地洗刷、晾晒，按时按季提供饮食用具、食器。为各种宫廷筵宴安排、配备饮食用具。

秦汉时期，我国经济资源得到了大力开发。秦朝的统一结束了战国末年各诸侯国割据的局面，接之而来的大汉王朝在广阔的疆域中不断地开发经济资源。汉代宫廷饮食机构由掌管皇室的少府统领，下设各官丞：左丞、甘丞、汤官丞、果丞、导官、庖人各职。左丞负责皇帝及皇室成员的饮食调配，按季节配制食谱"春多酸、夏多苦、秋多辛、冬多咸"，还要监督、检查膳食质量。甘丞负责皇室筵宴中皇帝所用餐具和膳具的收藏、保管及按期更新等。汤官丞是为皇帝制作主食的部门。自汉代初期出现石磨后，将小麦磨成面粉制作糕、饼、饵等主食，极大地丰富了人们的饮食生活。宫廷中设官，专门为皇帝制作面类食品。果丞掌皇室四季水果与菜蔬的选择。导官负责宫廷厨役烹粥烧饭的择米、用水。庖人掌牲畜宰杀、切割。各丞之下，各设采购、掌厨、打杂等服务人员多人。以庖人为例，其下有72个职官，另有从事具体宰杀牲畜、检查肉质、掌刀切割的就有100多人。整个汉皇室光为皇帝及其皇家饮食服务的就有官吏、奴婢、杂役等6000多人。较之周代已有过之而无不及。

随着封建社会的发展，皇权高度集中，宫廷饮食机构不仅分工细致，职能明确，各级官吏亦有品级职官出现。以明清两代最为突出。

明代宫廷中设"二十四衙门"作为皇家事务办理机构。负责宫廷饮食的称"尚食局"，下设司膳、司酝（酱）、司药、司饎四司。司膳4人，正六品，典膳4人，正七品，掌膳4人，正八品。司膳掌切割、烹、煎之事，典膳、掌膳佐之。司酝2人，正七品，典酝2人，正七品，掌酝2人，正八品。司酝掌宫廷酿酒、制酱、醋及各种调料、饮料，典酝、掌酝佐之。司药2人，正六品，典药2人，正七品，掌药2人，正八品。司药掌药方、药物检查、验方诸事，典药、掌药佐之。司饎2人，正六品，典饎2人，正七品，掌饎2人，正八品。司饎掌宫中廪饩薪炭之事，典饎、掌饎佐之。尚膳监尚食局统领四司，掌宫廷御膳与宫内食用之物，并监督光禄寺供奉宫内诸筵宴饮食、果、酒等供应。尚食局设局郎一人，正五品；局丞二人秩从五品。

清代宫廷饮食的管理机构是内务府和光禄寺。内务府是管理皇室事务的总机关，下设"御茶膳房"和"掌关防管理内管领事务处"两个专职机构，负责皇室日常膳食。御茶膳房掌管饮食制作、配制，掌关防管理内管领事务处则管理饮食原材料的供应。此外，内务府所辖的广储司、营造司、掌仪司、果房，庆丰司的牛羊（奶）等都与宫廷饮食有密切联系。

清代初期，御茶膳房分设茶房、清茶房、膳房三个内部组织机构，负责管理皇室饮与食的制作、供应。雍正元年（1723年），皇帝特派大臣总管御茶膳房事务。御茶膳房总领奉旨授为二等侍卫（武职正四品），茶房内另授3名三等侍卫（武职正五品），4名蓝翎侍卫（武职正六品），膳房内另授三等侍卫6名，蓝翎侍卫7名。乾隆十五年（1750年）五月又将御茶膳房改为内膳房、外膳房，内膳房下设荤局、素局、点心局、饭局、挂炉局和司房6个单位，专门承做帝后日常饮食。乾隆二十四年（1759年）膳房总领改为尚膳正和尚膳副，茶房总领改为尚茶正和尚茶副。尚膳正额定3名，其中一等侍卫1名（武职正三品），二等侍卫2名，尚膳副三等侍卫1名，下设尚腾12名，其中三等侍卫5名，蓝翎侍卫7名。再下设庖长4名，副庖长4名，庖人15名，领班顶戴唐阿4名，拜唐阿4名，承应长5名，承应人84名，催长2名，领催17名。外膳房厨役28名，内膳房厨役67名。掌关防管理内管领事务处设郎中1名，员外郎1名，笔帖式8名。其下设正、副内管领30名，还配备从事各种与宫廷饮食有关的太监、苏拉（最下等太监）4950名。

历代宫廷金字塔般的饮食服务机构设置及职官品级，反映了帝王饮食的规模，从管理体系、原料门类到质量把关、饮食保健等一系列机构，都有明确的责任范围和相应的管理要求，这为宫廷饮食的制作和皇室成员的健康提供了可靠的保证。随着历史的发展、朝代的更替，宫廷饮食服务机构也随着统治阶级的需求而不断增设与删减。如周代的医官，本来隶属于膳夫的统一管理之下，秦代以后，则另有建置，成为宫廷保健、治病的独立机构。

早在公元前16世纪时的商代，宫廷内有一位叫伊尹的厨师，专门为商王烹制肴馔。一次，商王生病，不思饮食。伊尹用生姜、桂皮合煮成汤，让商王饮用。没过多久，商王周身出汗，疾除病好。伊尹又选用其他烹调原料煮汤让商王长期服用。没过多久，商王面色红润，体质增强。商王十分高兴，提伊尹为"辅弼"——宫廷宰相，医治商王疾病的"汤"也被流传下来成为"汤药"。到周代，在宫廷饮食的机构设置中，就出现了四种不同的医官：食医、疾医、疡医、兽医。可见统治者对饮食卫生和饮食保健的高度重视。战国时，我国第一部医学理论著作《黄帝内经》问世，进一步明确了饮食与保健的关系："大毒治病，十去其六；常毒治病，十去其七；小毒治病，十去其八；无毒治病，十去其九；谷肉果菜，食养尽之，无使过之，伤其正也。"由此可知，周代宫廷饮食机构中设置医官是有科学道理的。

自秦代起，宫廷设置太医院，置官太医令，把医学作为专门学科来加强研究。汉、唐、宋、明、清相沿无改。历代太医在潜心研究药物治病的同时，仍将食品中的大枣、赤豆、多瓜、芝麻、牛乳、薏米等列入帝后长期服用的饮食中。就是对待疾病，也是"审其疾状以食疗之"。元代太医忽思慧撰写的《饮膳正要》一书，就是一部医、食结合的营养学专书。清代宫廷设太医院，专门为宫廷饮食保健拟制"代茶饮"方，使那些"乐于食、厌于药"的帝、后们在无药味之苦、有药效之疗的饮方中得以防病、治病、健体、养身。

宫廷饮食机构庞大，管理应该说是十分严密的。但这些机构中的各级官吏常年生活在皇帝身边，目睹皇家许多奢华靡费、开支无度的豪华生活，营私舞弊的事情也经常发生。

明宣德年间，承办宫廷筵宴的光禄寺在招待外藩使臣的筵宴中，克扣筵宴食品的事情败露，引发朝野闻名的大事端。皇帝不得不命刑部问罪惩之。明英宗谕曰："祖宗以来，饮食供给皆有定规，比闻擅自增减，应给之人率不得，得者率非应给之人。惟虚立案牍，以掩耳目，宜究治之。"因顾侍臣曰："毋谓饮食细故不干大体，昔华元杀羊享士，羊斟不与，遂致丧师；勾践投醪于江，与众共饮，人心感悦，遂成伯业。以此而谕，所系非轻。"华元杀羊享士，勾践投醪于江，是古代饮食生活中的两个例子。前者说的是，春秋战国时期，中山君华元用羊羹宴请群臣，名叫子期的臣子也在座。中山君在分赐羊羹时把他漏掉了。子期觉得受了屈辱，一怒之下离席而去。后来子期到了楚国，他游说楚王发兵讨伐中山国，中山国臣民纷纷逃走，华元君也弃国而逃，丢了国土。后者则赞扬春秋时越王勾践在吴越争霸时，带领臣民昼夜奋战，越国父老送来两坛醪酒慰劳将士。当时酒少人多，不好分配，勾践就命人把酒倒进钱塘江中，群臣共饮江水，共同分享醪酒，民心大振，齐心对吴国作战。明代统治者举出历史上因饮食而引出的两个不同结果的事例，以引起宫廷饮食机构的重视，吸取正反两方面的教训。但封建社会官吏腐化已是整个社会的痼疾，积重难返。到明正德年间，尚膳监所属官吏虚报费用、冒领钱财、偷盗物品、扛索用器等现象越演越烈。明代前期，宫中饮食额定费用仅12万两白银，到正德、嘉靖时用至36万两银犹称不足。宫中厨役也多达4100名。而皇帝日用膳品"悉下料，无堪御者，十坛供品不当一次茶饭"。到明代末年，宫廷膳费每日36两，每月1046两，厨料在外，又药房灵露饮用粳米、老米、黍米在外。皇后用膳，每日11两5钱，每月350两，厨料25两8钱。皇贵妃每月各160两。皇太子膳并厨料每月154两9钱。王每月各120两。

一次，崇祯皇帝想吃米糖，内臣奏令御厨监造制作。崇祯帝问，一斤需用多少钱？御厨答道，需用银8两。崇祯帝令人取出3钱银，令其到市场购买。不多时买回一盒送到皇帝前，崇祯帝取出米糖分给皇子、公主们吃，一边取笑道："这米糖能值八两银么？"

无独有偶，这样的事情在清代宫廷中也屡屡发生。据《春冰室野乘》载，清道光年间，皇帝一日想吃"面片儿汤"，令御膳房进之。内务府奏请要添置御膳房一所，并且设官管理，常年需要银数千两。道光是个比较节俭的皇帝，当即拒绝了添置膳房的要求，但面片汤还是要吃的。"前门外某饭馆，制此最佳，一碗值四十文钱，可令内监往购之。"过半日复奏：某饭馆已关闭多年矣。道光无可奈何，只叹息说："朕不能以口腹之故，枉费一钱！"遂取消此念。清代末期，亦有慈禧花24两黄金吃4枚卧果（鸡蛋）的传说。实际上是经手人想借此肥私、贪污银两。可以想见，有这样一群人长期生活在宫廷中，不知有多少银两从内库流入私人囊中，宫廷饮食机构管理混乱到何等地步。

5. 宫廷饮食的原料来源

宫廷饮食水陆杂陈，山珍海味俱全。这些饮食的原材料是怎样进入宫廷的呢？综观历代宫廷饮食的发展与变化，大致有三个方面，一是宫廷私田定期缴进，二是地方纳贡，三是由国库支银到市场购买。

自从出现阶级和阶级社会，出现了不平均的分配方式，无论是奴隶社会还是封建社会的统治者都抱定"普天之下，莫非王土"的信条。国有的山川、河流资源统统以"征收租税"的形式名正言顺地纳入统治者的私囊。商周时期，宫廷内有"千斯仓""万斯箱"，里面装满了用奴隶血汗换来的粮食，是专供宫廷食用和酿酒使用的。另外，宫廷中还经营着鱼塘、园囿和畜牧场，源源不断地为帝王饮食提供物质资源。在生产力极不发达的封建社会，宫廷饮食机构像一张血盆大口，无情地吞食着民脂民膏，吸吮着劳动人民的血汗。

在清代，皇室经营的私田，称为皇庄。1644年清皇室入关之初曾在京畿一带跑马圈地，占据了大批良田，派八旗官兵进驻。据史料记载，仅上三旗所辖的大庄有458所，半庄171所，园100所，就占地12788顷，集中在顺天、永平、密云、张家口、保定、宣化、喜峰口、古北口等地。它们定期向宫廷交纳粮食、菜蔬、果品、豆、盐、蜂蜜、蜡等日用品。另外，盛京、牛庄、乌喇等处的皇庄还有为宫廷养蜂酿蜜的"蜜户"；捕捞鱼虾的"网户""鹰户"；猎取兽皮的"捕狐户""水獭户"和捕捉鲟鳇鱼的"细鳞户"。这些专业户，每年应缴额数"或本色或折征，所折银交广储司"。另外，顺天、保定、河间、永平、广宁、盛京等地还有许多皇庄果园，各园皆设园头，"园丁所纳，如桃、杏、榛子、蜜饯、山里红、杜梨干、葡萄、枸奈（nài）子、野鸡接梨、西门城梨、乾梨等，以果房人司其出纳，有不征钱粮者，有抵除钱粮者"（《养吉斋丛录》）。盛京、南苑、归化城、捕牲乌喇又有菜库瓜园，"凡菜园头、瓜园头交纳一应菜蔬瓜实，以内管领，副管领司之"，"安肃县菜园头专纳白菜，西瓜园头专纳西瓜"。凡皇庄应纳之物，都以本地特产为主。如东北三省，专门向清宫交纳野味：鹿肉、鹿尾、鲜鹿舌、鲜鹿筋、鹿大肠、鹿盘肠、鹿肚、汤鹿肉、晾鹿肉、关东鸭、鹿肝肺、毛鹿、狍子、獐子、关东鹅、野鸡、白鱼、鲤鱼、花鱼、赭鲈鱼、细鳞鱼、树鸡（飞龙鸟）、野猪等等。

　　按宫廷饮食惯例，皇帝饮食有严格的季节性。如冬季天气寒冷，皇帝饮食中要补充高热量、高蛋白的肉类食品，夏季要吃些清凉消暑解热的瓜果蔬菜等。因此各地进交的物品都要严格执行。以东北为例，六月进新面粉，七月进鹰鹛，十月进鱼、雉，十一月进交野味。清宫"每年冬至后，御膳用鹿尾，至立春日止"。各猎户、皇庄庄头为了按时完成任务，组织人力捕捉，而后不分昼夜地宰杀、整治干净后，或晾干或保鲜，分批分期运到清宫，以保证皇帝御膳之用。

任土作贡，古来有之。自《禹贡》把天下分作九州，九州四畛八域的山珍海味，经使臣纳贡进入商代宫廷献给王室享用。周代宫廷设有"内库"，专门掌管"九贡九赋九功之货贿"。周成王时，东北边远地区的肃慎民族（即后来的满族）曾贡进过"大麈"。"麈"，似鹿而大，是一种十分罕见的野生动物，尾巴尤为珍贵。春秋战国时期，齐桓公伐楚国，管仲质问楚国使者，为什么不向周天子进贡包茅（"尔贡包茅不入，王祭不供"）。秦汉以后，中国进入了大一统的封建制国家，车同轨，书同文。政治、经济的发达，加速了饮食物产资源的大交流，更加丰富了宫廷饮食的原料来源。如岭南的荔枝、龙眼、香蕉等热带水果已成为宫廷贡品。《后汉书·和帝纪》载："旧南海献龙眼、荔枝，十里一置（驿），五里一堠，奔腾险阻，死者继路。"隋朝时，苏州地方名食"蜜蟹"作为贡品献给炀帝，被炀帝御赐"食品第一"的美称。

明代初建都金陵（南京），1420年迁都北京后，宫廷饮食仍以江南物产为饮食来源。每年春季桃花汛中的"鲥鱼"贡，始终为明代宫廷贡品。

然而，宫廷贡品多如牛毛。仅清代正项贡品中就分年贡、灯节贡、万寿贡（皇帝、皇太后生日）、端阳贡等多种。现存中国第一历史档案馆一份乾隆四十一年（1776年）的贡物清单，可展示出清代贡品的一般情况：

正月二日：

 两淮春笋

 两淮风肉皮糖

 淮关风肉皮糖

四月：

 杭州茶叶、小菜

端阳（五月）：

 河南百合粉

 山东香料、扇子、茶叶、海参

 两淮如意

 粤海陈设

 浙江龙井茶

 两淮陈设

 九江陈设

 江苏茶叶

 淮关陈设

 江西茶叶

长芦雀鸟

陕西玉麦、吉利茶

贵州普洱茶、茯苓

安徽茶叶、琴笋

陕西玉麦、百合粉

湖南香料、茶叶

云贵普洱茶、朱砂

云南普洱茶、画扇

广西贡物

苏州枇杷果、佛手

四川黎椒

两江茶叶、贡物

福州佛手、茶叶、漳纱

六月：

浙闽莲心茶

福建莲心茶、燕窝

福建荔枝

长芦佛手

七月：

直隶果品

杭州茶叶、小菜

万寿贡（万寿——乾隆帝八月十三生日）：

漕运鲜花、果脯、玉兰笋

福州漳绒、果脯

江南如意、皮张

安徽宣纸、茶叶、琴笋

两浙陈设

粤海陈设

广东贡物

两淮陈设

两江笺纸、藕粉

浙江杭丝、茶叶

江苏果脯、贡物

两广洋烟

四川藏香、茶叶、笋尖

山西潞绸、藕粉、面粉

九江陈设

陕甘吉利茶、挂面

湖北茶叶、挂面

两广挂面、百合粉

江宁陈设

苏州陈设

山东万年青、佛手

贵州象牙、茶叶

凤阳陈设

河南如意、果脯、香菇

陕西挂面、藕粉

八月：

山西榆次西瓜

直隶果品

福州佛手

浙闽蜜浸荔枝

福建蜜浸荔枝

长芦食物

九月：

山东佛手、羊皮

十月：

福州佛手

河南岗榴、木瓜

河东选面岗榴、木瓜

长芦冬笋

两淮冬笋

浙闽福圆膏

福建福圆膏

十一月：

陕西哈密瓜、皮张

山西石花鱼

长芦银鱼

杭州南枣、小菜

广东红桔、香橙

广西红桔、香橙

浙闽青果，红、黄柚

福建青果，红、黄柚

十二月：

两江果脯、问政笋

山东木瓜、耿饼

湖广茶叶、银鱼

两广贡物

广东贡物

山西潞绸、藕粉、挂面、石花鱼

湖北茶叶、挂面

江西笺纸、藕粉、笋片

江苏如意、果脯

陕西皮张

云贵如意、茶叶

贵州皮张、茶叶

安徽宣纸、茶叶、问政笋

两淮陈设

浙江笺纸、茶叶、火腿

四川砖茶、香菇

湖南玉兰笋、藕粉

淮关陈设

江宁陈设、珠兰茶

苏州陈设

凤阳如意、缎匹

浙闽蜜浸四种小菜

广西挂面、藕粉、山羊血

九江陈设

云南贡物

长芦鲜花、木瓜

杭州黄橙、小菜

福建红桔

浙闽红桔

福州蜜桔、燕窝

浙闽蜜桔、燕窝

福建蜜柑

　　各地向清宫进贡的贡物，还有陈设、绸缎、香料、如意等，但数目很少，饮食却占有相当大的比重。这充分反映了宫廷饮食材料来源之广泛。

　　宫廷饮食原材料除地方供应、各地进贡外，很大一部分还需支银到市场购买。

　　秦汉以来，中国封建社会走向中央集权制，王室掌管着国家的经济命脉。皇室的私项开支，往往要高出国库收入。据桓谭《新论》载："汉定以来，百姓赋敛，一岁为四十余万万，吏俸用其半，余二十万万藏于都内为禁钱。少府所领园地作务之八十三万万，以给宫室供养诸赏赐。"随着封建社会的发展，皇权高度集中，皇帝的一切都要充分显示其高贵和威严。体现在饮食生活上就是追求排场、奢侈、豪华，不惜一掷千金，明代宫廷额定费用一年24万两黄金，而皇帝用膳每日就用36两，一年就用去13000余两。清代乾隆二十五年（1760年）原定"内廷所用猪、鸡等项，派膳房官员向光禄寺领银二万二千两买办"，至乾隆二十八年（1763年），清政府又将这项银两增至三万两。清代中后期，内廷用银一直是有增无减，如道光年间，膳房实销银三万数千两。光绪二十九年（1903年）仅"菜库买办供奉内廷及膳房等处应用菜蔬向广储司银库领银三万八千八百三十九两六钱九分八厘"。买新鲜水果、鸡、鸭、鱼、肉、蛋等各项开支还没算在内。

　　纵观我国历史，大凡国都所在地，大都是政治、经济、文化先进的地区；秦汉隋唐时的西安，六朝时的金陵

（今南京），北宋汴梁，南宋临安以及辽、金、元、明、清时的北京等，都是交通发达、文人荟萃、商贾云集的鼎盛之乡，饮食店铺、酒肆食家星罗棋布，数不胜数，既方便了市民生活，也对宫廷饮食产生巨大影响。北宋汴梁皇宫东面就是繁华的饮食集中地，据《东京梦华录》记载，"东华门外，市井最盛，盖禁中买卖在此，凡饮食、时新花果、鱼虾鳖蟹、鹑兔脯腊、金玉珍玩、衣着，无非天下之奇。其品味若数十分，客要一二十味下酒，随索，目下便有之。其岁时果瓜，蔬茹新上市，并茄瓠（hù）之类新出，每对可值三五十千，诸阁纷争以贵价取之"。整日生活在宫廷内的帝王后妃吃腻了宫廷御膳、山珍海味，对民间饮食无疑会产生极大的兴趣，只要能满足口欲，便不惜花重价品尝。北宋皇室南迁临安（今杭州）后，宋高宗禅位孝宗后，悠哉！游哉！高宗挥金如土，每年由皇宫内库拨给生活费用近百万缗（mín），仍入不敷出。孝宗只得另设名目拨款供高宗享用。一次孝宗恭请太上皇在宫中饮宴，高宗醉中也没忘记索要增加开支。两天后，太上皇追问吴后，钱送到没有？吴后忙以孝宗名义奉上。于此不难看出南宋朝廷穷奢极欲的一个侧面。

6. 宫廷厨师

厨师是宫廷御膳的实施者，厨师的技术和学识对宫廷饮食的发展有着举足轻重的作用。

在我国第一个奴隶制王朝——夏王朝时，宫廷中就有一位精通烹饪技术兼能发明创造的食官，叫伊尹（伊是名，尹是官职）。他从小失去母亲，被一位从事厨师职业的人收养。自小受厨人的熏陶，钻研烹饪技术，并从烹饪方法和技巧中注意营养和火候的关系，研制了用猪、羊、狗等不同部位的肉，施以不同刀法并加调料制成的8种菜肴，到周代完善为"周八珍"。由于伊尹有精烹饪的特长，深受夏朝国君桀的重视，桀欲封其高官。但是，伊尹见夏桀整日沉湎于酒色之中，预测夏王朝已到尽头，于是辞去夏王朝给予的优厚待遇，投奔于商。伊尹到了商部落，先为商汤厨师。一次汤有重病，伊尹用饮食给予调养，使汤王病愈。伊尹又以烹饪菜肴为例，给汤讲解治国之道。汤由此而受到启发，重用伊尹，灭了夏王朝，建立了中国第二个奴隶制王朝。伊尹辅佐汤有功，被委以重任，当上了宰相。并辅政于三代商王，直到百岁有余而卒。当时的商王沃丁非常尊重他，"葬以天子之礼"，以报答他以烹饪治国的功绩。

周取代商后，帝王饮食被看作是礼制的重要部分，并加以典制化，在宫廷内设置庞大的机构来管理，饮食机构也披上了神秘的色彩。帝王饮食随着烹饪技术、条件的不断完善，调料、佐料的不断开发而发生变化。厨师的烹饪技术依旧是帝王关心的大事。据《左传·宣公二年》记载，晋灵公的厨子为他烹制熊掌，没熟就端出来，被晋灵公当场杀死。《韩非子》一书中也讲过一个有关厨师的故事。晋文公命厨子为他炙肉吃。当侍从将炙肉端上来时，晋文公发现肉上有头发缠绕，很生气，立刻把厨子找来，怒斥道："你想害死我吗？这头发为什么还缠在肉上？"厨子回答："臣确有死罪，有三条罪状：臣用锋利的菜刀切肉没有切断头发是第一条罪；用木筷将肉串起，也没发现头发是第二条罪；将串起的肉串放到火中炙烤仍没将头发烧焦烤化是第三条罪。大王，请您想一想，做一盘炙肉经过这么多道操作，竟然没把头发烧焦烤化，将罪过迁怒到我的头上，是不是大王您的堂下有人故意栽赃陷害我呢？"

珍藏于中国第一历史档案馆的《御茶膳房》档案中，也有过清代皇帝指定御厨供膳的记载。清代乾隆皇帝亲自选择江南厨师就是最明显的一例。

清代宫廷厨师，有三个来源。其一是清入关之后带来的盛京的满族厨师，他们大多为世传技术，父传子艺，子承父业，是清代宫廷厨师中的核心力量。其二是沿袭了明代官廷留下来的山东厨师。其三则是依清帝、后饮食爱好选用的厨师。如清宫供奉佛，设佛堂厨役，专门制素膳。又如乾隆的妃子中，有一位来自新疆和卓木的维吾尔族的香妃，官中特为她招募回族厨师，做清真膳。再如，乾隆十八年（1753年），北京街头流行"豆汁"风味小吃，清内务府亦在民间招募技术较高的豆汁厨役进官制作豆汁。还有，清乾隆帝南巡，喜食江南食品，带回苏、杭两地的厨师。这些人数量不多，最初仅负责皇帝用膳时临时点菜再烹调制作。随着清代宫廷饮食的发展，江南厨师成为乾隆帝正膳看馔的专门烹制者，餐餐指名要某某人做，几乎到了非江南风味食品不进膳的地步。

据记载，在乾隆帝每日的膳单中，打头菜（第一道菜）都是署名张东官、双林制作的。膳单中还反复出现用膳时指名命张东官添菜的记载。乾隆四十二年（1777年）七月二十一日至九月二十五日东巡盛京，乾隆帝又亲自点名"叫张东官随营供膳"。在整个东巡的两个多月里，张东官与随营的30多名厨师一样，为帝后烹制看馔，但得到皇帝赏赐的仅有张东官、常二、郑二3个人。而常二、郑二每人各得一次赏，张东官却连连得到一两重银锞、二两重银锞、黑貂帽沿、大卷五丝缎等5次重赏。一个厨师，在皇帝心目中占有如此重要的位置，可见他技艺何等高超了。张东官原是苏州织造普福家厨役。乾隆三十年（1765年）第四次南巡途中，品尝了他烹制的风味菜肴后，赞不绝口。回京时，将他带到北京。他先在长芦盐政西宁家住下。乾隆每每离京出巡，都在离京的前一天召张东官，回京后又将他送回西宁家。乾隆帝住在京郊圆明园、承德避暑山庄等地时，也都由张东官为他备膳。乾隆四十九年（1784年）第六次南巡时，张东官再次随营供膳。因他已70多岁，常有腿疼病，乾隆特赏他骑马随行。行至苏州灵岩寺行宫时，乾隆经和珅、福隆安向苏州织造又下谕旨："膳房做膳苏州厨役张东官因他年迈，腰腿疼痛，不能随往应艺矣。万岁爷驾幸到苏州之日，就让张东官家去，不用随往杭州。回銮之日，亦不必叫张东官随往京去。"谕旨还传出"再着苏州织造四德另选精壮苏州厨役一二名，给膳房做膳"。在乾隆一行返京时，苏、杭两织造奉旨挑选了两名精壮厨师沈二官、朱二官。直到乾隆五十八年（1793年）夏天在承德避暑山庄万寿节，沈、朱二人仍在为乾隆帝烹制江南肴馔。

膳房是宫廷饮食的制作场所。清代宫廷膳房的设置和厨师的配备也是很有特色的。

清代初期，宫廷饮食由总管内务府属下的御茶膳房全面管理。下设清茶房、茶房和膳房。清代中期，膳房又分成内膳房和外膳房。内膳房又分荤局、素局、点心局、饭局和挂炉局，专门负责皇帝、皇后日常饮食、点心。外膳房则专司宫廷筵宴和内大臣值班、侍卫等饮食。有时，内膳房与外膳房合作，为帝后供膳。菜品由外膳房做好后，用食挑盒送到内膳房。内膳房备有炭箱数十只，上有铁板，将菜品盛到粗瓷碗中放到铁板上加热保温备用。内膳房的饭局也采取这种办法将蒸锅、粥罐放到炭箱上加温备用。清代末期，清宫又将内膳房分为御膳房、御茶膳房、寿膳房、野意膳房。皇后膳房附于御膳房中。皇贵妃、妃、嫔各随居住宫殿设小型膳房，贵人、常在以下无膳房，随本宫主位饮食。

清代末期的慈禧，两次垂帘听政，统治中国达48年之久。她生活腐化，饮食奢侈，处处以"女皇"自居。饮食标准比照乾隆，她的"寿膳房"设置在清代宫廷中很特殊。

寿膳房设在紫禁城东部宁寿门东边路南和路东的一排房子内，膳房内按顺序号排列着100多眼炉灶。每一眼炉灶配备3个人，一人配菜，一人掌勺，一人打杂。这3个人中，配菜的是主要的。先由打杂的对各种菜、肉、鱼等原料拣、挑、洗、涮干净后，经内务府派来的笔帖式（官职名）检查，全部合格后，交给配菜的。配菜的将各种菜、肉等按预先拟好的膳单上的菜名对原料切、割、片、剁、拌，配上相应的调料，再请笔帖式检查。待全部验看无误后，交给第三个掌勺的，等待烹炒。只要慈禧一声传膳令下，掌勺的立即按菜单上的菜肴顺序，做好一道道菜，在总管内务府派来的御膳提调的指挥下，把饭菜按顺序呈上去。在炒菜、盛菜、送菜的时候，膳房总管、提调的眼睛盯着每一个动作，由锅里盛到盘、碗里，盘、碗都是银制的（因为银能试毒，遇毒银变黑色）。交给太监后，用黄云缎包袱包好，挨次传送到慈禧用膳的地方。黄云缎包袱不到饭桌上是不能打开的。而每餐膳肴都有膳底档簿册，清楚地记载着每一灶眼的三个人名，某人配菜，某人掌勺，某人打杂。将来有赏有罚，都要查档。膳房厨役每日提心吊胆，小心从事，不知几时飞来横祸，身家性命就难保全。

二

宫廷名馔、名饮

饮食是人类最基本的生存手段之一。人类通过烹饪所制作的肴馔取得营养和热能，以维持生命和繁衍。随着社会的发展和饮食文明的提高，饮食逐渐成为人类社会政治、文化活动的重要内容，饮食制作技艺也被赋予艺术的内容和形式。自奴隶制鼎盛时的商周时代开始，饮食作为君权、神权的象征，成为统治阶级的统治手段。与人类早期的"饱腹"所不同的是，它更加充满了庄严、肃穆、神秘的时代氛围，具有更加丰富的想象力，更加高超的制作水平。

然而，这种宫廷饮食，充满了政治色彩。历代王侯、霸主或因酒宴享乐丧失德政，丧失江山，或利用饮食谋权夺势，佳肴美馔背后隐藏着刀光剑影，腾腾杀气。由此，我们可以了解到，自饮食问世之后，统治阶级即发现并利用它作为政治集团之间的斗争工具，在历史上曾上演过许多惊心动魄又耐人深思的活剧。

1. 美酒烤肉

在人类历史长河中，商代曾是奴隶社会的第二个鼎盛时期。商代出土的陶器和青铜器中，有许多食具、炊具和饮具。殷墟出土的后母戊大方鼎，就是殷王与贵族们饮宴时用的煮肉大锅。另外，逐年挖掘出的豆、盘、盂、觚、爵、盉、卣、尊、觯、壶、觥等，也都是带有殷人使用痕迹的餐酒具。《韩非子·喻老》篇曰："昔者纣为象箸而箕子怖，以为象箸必不加于土铏，必将犀玉之杯……"太师箕子见商纣王以象牙制箸，由此而想到他食象鼻，十分担心商代宫廷饮食的豪侈。这一切，足以证明奴隶社会时期高度发达的饮食文明。

然而，箕子的担心并不是多余的。商代繁荣的社会经济促进了饮食的发展，也刺激着奴隶主日益膨胀的胃口。他们奢侈、残暴，把大部分精力都用到修造宫室和享乐方面。到商纣王时代，殷王室像一架庞大的机器，吞食和销蚀着人间的财富：粮食化作美酒，财宝装点着豪华的宫苑，琼楼瑶池歌舞罢，玉箸金爵映酒红。《史记·殷本纪》中也提到纣王建宫殿，筑瑶台，"益收狗马奇物，充仞宫室，益广沙丘苑台，多取野兽蜚鸟置其中"，尤其是他大造"酒池肉林"，导致了丢国丧身失江山的可悲下场。

当然，商王朝覆灭，不能完全归罪于"酒池肉林"，但商代酗酒之风，确是宫廷酒宴的滥觞。远古先民们在旧石器时代后期，就已经有了挑选、辨别食物优劣的能力。他们发现经自然发酵而带有酒味的食物好吃，从而有意识地将采摘下来的果实贮存发酵后食用。这种发酵的味道就是酒化在起作用，即原始的酒。随着人类在长期的采摘过程中观察、摸索和试种，逐步掌握了农业的栽种经验。农业发展了，粮食得到丰收。先人们用蒸、煮等熟制方法将谷物做成简单的食品，尽情享受丰收的喜悦与欢欣。还将吃不完的食品放在干枯的桑树洞内储存。时间一长，食品变味、生香成了粮食酒。酒的出现，给人类的饮食生活带来许多有益之处：酒能治病、消毒，有着滋阴养血的功能，还向人们提供人体活动中所需的热能。《本草纲目》中就曾指出过，"少饮则和血行气，壮神御寒"。在酒中加入各种中药，还能制成消除灾病的时令酒，如正月初一饮的"屠苏酒"，五月端午的"雄黄酒""菖蒲酒"，九月重阳的"菊花酒"等。古代人祭祀最重酒，饮必祭，祭必酒。礼天地、事鬼神、祭祀祖宗都用酒，祭祀之后，开怀痛饮。酒还能活跃气氛，饮酒助兴成了我国联络、交流感情，沟通人际关系的饮食方式。然而，酒有百益，饮酒过量则贻害无穷。酒能使不溢言表的人侃侃而谈，也能使人昏醉无所知，干出许多鲁莽、失去理智的事情。古往今来，因饮酒误国、伤身的人比比皆是。夏桀、商纣、十六国时前秦苻坚、南北朝时陈后主及隋炀帝等人醉生梦死已成了被人唾弃的对象。

当然，历史上也有不胜酒的君王。古书中记载了这样一个故事：古人仪狄很会造酒，他把酿成的酒进献给禹。禹品尝后觉得味道很甘美，不觉精神恍惚大睡一场。禹醒过来后说："酒是好东西，后世国君一定会有贪饮美酒而丧失国家的。"于是禹就自动疏远仪狄，并下令禁酒。但是酒是无法禁绝的，他的话却得到应验。禹的儿子启建立了第一个奴隶制王朝——夏，500年后，竟断送在建造酒池肉林的夏桀手中。无独有偶，商王朝的建立同样经历了艰苦的历程。商原是夏朝的属国，传位十四世时，出了一位雄才大略的首领汤。在伊尹的辅佐下，汤王威武征战灭夏称商。夏王朝的灭亡，对商汤来说是个极大的教训。商经过盘庚迁都、武丁中兴之后达到了奴隶社会的顶峰。物产极大丰富的疆土为后世君王提供了享受不尽的粮食、美酒、美食……但这一切都在刺激出了奴隶社会统治集团的腐败。商代宫廷荒淫无度，挥金如土。以商纣王为首的宫廷贵族们把一切智慧都用到享乐方面，《尚书》载，"殷王受之迷乱，酗于酒德"。宫廷宴会常常通宵达旦地狂饮，大小官吏酩酊大醉。商纣王更是饮酒过度丧失理智。史载，他吃遍天下美食仍不满足，还挖空心思吃人肉。《淮南子·俶真训》中载，"殷纣……醢鬼侯之女，菹（zǔ）梅伯之骸"。鬼侯的女儿被纣王抢入后宫，因不堪凌辱而反抗，被纣王杀死，并剁成肉酱佐餐。梅伯知道这件事后，对纣王劝说了几句，不料，竟被纣王杀死，纣王还将其四肢解体切碎，晒成肉干……

人们面对商王朝的昏庸残暴，寻找着一切解脱、宣泄的办法。酒，甘美诱人，又能麻醉神经，于是商代的平民百姓、奴隶主贵族无论是祭祀还是宴客，都将酒捧到重要的位置。酒本来是农业、手工业发达的象征，是美化人类生活的食品和调料，但商人饮酒，成了狂饮，酒侵蚀着商代统治者的政权，在一定程度上导致了商王朝的灭亡。

前车之鉴，后事之师。夏、商王朝的教训，为周朝敲响警钟。周朝立国之初，便作《酒诰》明令饮酒适量，禁止狂饮烂醉。宫廷之中，设置"酒官"一职，专门监督天子与贵族的饮酒情况。这样一来，象征着农业发达的酒，在美化人类饮食生活中，成为美饮与烹调的主要调料之一。《礼记·内则》中记载的周朝宫廷饮食"八珍"，用八种烹调艺术制作的菜肴中的"渍"，就是用酒浸泡牛肉片，经过一夜后，调以肉酱、梅浆、醋等调料食用的周代宫廷美食。春秋战国时期，被齐桓公任命为卿的管仲不饮酒。一次，桓公问他："为什么不饮酒？"管仲回答说："我听说酒喝到肚子里话就说得多，言多必有失，有失就会招致杀身之祸。既然如此，弃身不如弃酒。"三国时，魏武帝曹操酒量很大，也会酿酒。他劝别人饮酒，自己却很少饮酒。他任丞相时，用酒敬献皇帝，麻醉别人。待他掌握政权后，马上禁止饮酒。他说，酒可以亡国。宋太祖赵匡胤"杯酒释兵权"，同样是用酒来达到自己当皇帝的目的。明太祖朱元璋称帝后，也发布过禁酒令。清代皇帝更是恪守祖训，宫廷筵宴无论多大规模，君臣共饮"三巡酒"（即三杯酒）即可，不可多饮。

　　夏、商宫廷饮酒的教训为后世帝王敲响警钟。但夏、商宫廷饮食中的"烤肉"却是历代宫廷筵宴烧烤肴馔的先导。远古先民们在生食转向熟食的变革中，发明了"烤"这一最早的烹饪技法。其后，先民们在实践中不断改进发展、完善着熟制肉食的方式。《诗经》中的许多篇章中都有关于"烤"的制作，如"有兔斯首，炮之燔之；君子有酒，酌言献之。有兔斯首，燔之炙之；君子有酒，酌言酢（zuò）之"。诗中的"炮""燔""炙"等，都是从"烤"这一基本方法中又演变出的不同风格的"烤"。《礼记·礼运》中载："然后修火之利……以炮、以燔、以烹、以炙。"东汉郑玄注曰："'燔'，加于火上；'炙'，贯之火上；'炮'，裹烧之也；'烹'，煮之以镬也。"也就是说，"燔""炙"是将肉类直接架在火上烧烤，"燔"是将带毛的皮和肉放在火上直接烤熟；"炮"是在肉类的皮肉外边涂抹一层带草的泥巴后，再放在火上烤；"炙"是用木棍、枝杈将待烤的肉穿成串放到火架中烤熟。商代宫廷筵宴中的"肉林"，或燔或炙，都是经过精心挑选的牛、羊、猪肉，再加上用火技术严格考究，使肉不能外熟内生，又不能烧糊烤焦。流行于商，完善于周的"八珍"中就有三种烤制的珍味——炮豚（烤乳猪）、炮牂（烤母羊）、肝膋（狗肝用肠网油包裹后烧烤）。依据不同的肉类选择不同的熟制方法，对食品进行多层次的加工，便是夏商宫廷饮食的最大特色，为历代宫廷、贵族所效法。《仪礼·公食大夫礼》中曾记有上大夫礼食20道菜肴，仅"炙"制就有炙雉、炙兔、炙鹑（鹌鹑）、炙鸮；下大夫礼食也有炙牛肉、炙羊肉、炙猪肉等。1976年山东诸城前凉台村西挖掘的一座大型汉墓中的汉画像砖，其中有一件《庖厨图》，极为真实地刻画了贵族阶层的厨子们烧烤肉食的繁忙景象：一条长长的绳索上，吊着一个个下垂的铁钩，每个铁钩上都挂着多种还没有烹制的鱼、鸡、鸭、鹅、龟、猪后腿、牛腿、整只羊及大块肉条。画面上还有许多厨子正在进行各种烹制前的准备：有的在杀牛，有的在切肉，还有的将切好的肉条穿串待烤……由此可以看出"烤肉"这种最古老的美食在我国有着相当重要的地位，为后世饮食的发展奠定了一定的基础。随着汉唐烹饪炊具的进步，烤肉又向着溜肉、炒肉、煎肉、炸肉等多种熟制方法发展。

《庖厨图》拓片局部

2. 八珍

　　如果说商王朝的烤肉首开宫廷饮食的先河，那么周代天子食用的八珍，则是我国最早形成的宫廷肴馔。八珍是8种食物的总称，其名称分别是淳熬、淳母、炮豚、炮牂、捣珍、渍、熬、肝膋。

　　周王朝颁布《酒诰》，严厉取缔酗酒，但是，统治者对奢侈生活的追求是一致的。周代王室饮食生活的奢侈靡费、讲究排场，较之商代更有过之而无不及。《周礼·天官·膳夫》中就明确地记录了周天子每日主、副食的原料及其膳品。周王室成员"食用六谷，膳用六牲，饮用六清，羞用百有二十品，珍用八物，酱用百有二十瓮"。在当时的情况下，周天子的饮食可算得上豪华至极了。然而，在这豪华之中，还有"八味珍物"。"珍"，指贵重珍奇的食品。那么这八种珍物是什么材料烹制的呢？《周礼注疏》一书对八种珍物的原料及制作过程作了十分详细的解释。

淳熬：淳，是沃的意思；熬，指煎熬食品。淳熬是指将肉煎熬成肉酱，浇在稻米饭之上，然后再加入炼好的动物脂油。这是一种饭菜合一的食品。在我国植物油问世以前，古人用动物油脂增加营养和调和食品滋味，并把不同动物的脂肪用于不同的食法。如把牛、羊油称为"脂"，猪、狗油称"膏"，把狗肠中的网油称"脊"。食"脂"用葱，食"膏"用韭才能解腻去腥。

淳母：淳母的做法与淳熬很相像，只是主料由陆稻米改为黍米。把煎好的醢加油脂浇在黄米饭上。醢，是以肉类为主料制成的肉酱。醢的制作方法夏、商时代就已形成，先把肉晒干，然后切剁细碎，加盐、酒，拌入造酒的粱曲，装入瓮中密封百日，即可食用。食用时，装在高脚盘（豆）中，作为肉类食品的调料。如周天子的宴会上吃牛肉条要用牛醢，吃羊肉用羊醢，吃猪肉用猪醢。醢在宫廷饮食中应用极为广泛，因此周王室庞大的膳食机构中，就有"醯人"专为王室酿制醯品。将醯与黄米饭共食，作为八珍之一，可见醯在周代宫廷饮食中的地位。

炮豚：即烧炖乳猪。这是先烤后炖两次烹制的食品。先将小猪宰杀后挖掉内脏，用红枣填满腹肚，外面裹上芦苇与泥巴，放在明火上烧烤，即古法"炮"。待泥巴壳烧开，剥去外壳，用米粉调糊敷在表皮上（即挂糊），再投到盛有动物油的小鼎中炸至焦黄，然后取出。切成整齐的条、块，加入适量的香料再放入小鼎中。将小鼎放入加水的大鼎中，用文火炖三天三夜。炖至清香酥烂时，加醯等调料食之。

炮牂：即炮羊羔。其烹饪工序与炮豚相同。

捣珍：选用牛、羊、麋鹿、鹿、獐等动物的里脊肉，剔去筋腱，反复捶打。烹熟后，再把肉揉软如泥才食用。

渍：即腌制。用新鲜牛肉切成薄片，放在香酒中腌渍一夜后生着食用。食时蘸酱、醋、梅浆等多种调料，解腥异味。

熬：烘肉脯。将牛、羊、鹿、獐等肉捶打松软，剔除筋膜，撒上姜、桂、盐等粉面，用微火烘干成脯。肉脯能干吃，也能湿吃。湿吃放在肉酱中煎食，干吃则捶松散后食用即可。

肝膋：膋，肠中的脂肪。用狗肠网油包狗肝，涂适量佐料放在火上烧烤至焦黄、香味四溢时，即可食用。

周天子食用的八珍，选料精良，制作复杂，不仅具备烤的烹饪技艺，还用了烘干、腌渍、烹煮及生食等多种食法。尤其对调和五味的合理使用及多层次的加工，无一不体现我国劳动人民的智慧和才能。在生产不发达、科技不发达的古代，这8种食品的原料和烹制就越发显得珍贵。据史书记载，八珍是商代开国名相伊尹发明创制的。伊尹对烹饪的研究理论，被纳入《吕氏春秋·本味篇》，这可谓我国最早的烹饪理论著作。至于对8种珍物的烹制过程，史料未见记载。但从《本味篇》中所记来对照周代八珍的用料与烹调方法，伊尹那个时代已初步具备了八珍"雏形"。当然，在商代至周代的近500多年间，饮食资源不断开发，烹饪技术也在不断更新、发展。统治者的口欲与奢望更是不断升级，八珍也有一个从初制发展到成熟的阶段。在周代天子的饮食生活中，八珍已属"珍""贵"食品，一般诸侯不可能吃到，民间百姓就更不敢问津了。可见，周代八珍，不仅材料"贵"、烹饪技术"贵"，食用者的身份、等级就更显得"贵"了。然而，随着时代的发展，周八珍也逐渐失去了珍贵的特征，被新的八珍所代替。元代宫廷饮食中的"八珍"，清代宫廷食品中的"八珍"，已从原料、烹制等方面与周八珍有了根本的不同。元代宫廷八珍，又称"迤北八珍"，其名为：醍醐、麆（zhù）沆、野驼蹄、鹿唇、驼乳糜、天鹅炙、紫玉浆、玄玉浆。元代八珍将牛、羊、猪等一般畜养家畜全部排斥于珍品之外，所用皆为世间罕见的野生动物或动物的某一精华部位，并以烹制方法的精细而闻名。"醍醐"，是酥酪上凝聚的油。提炼这种油的过程很复杂：先将奶乳制成酥酪，用酥酪经火熬炼，纯油轻浮在上面，取出油冷置就是醍醐。醍醐不易多得，味道甚甘美。"麆沆"，即幼獐脖颈部位的肉。幼獐又称麇（jūn），脖颈富有弹性，其肉美不可言。"野驼蹄"，骆驼的蹄掌，骆驼肉质粗而蹄掌肉质极发达，丰腴肥美。因骆驼生活在沙漠，其他地区不易得，驼蹄更为珍贵。"鹿唇"，梅花鹿的嘴唇，肉细鲜嫩，鹿大唇小，物稀为贵。"驼乳麋"，是指骆驼肠壁淋巴管中的淋巴，呈乳白色微小颗粒状，含有丰富的脂肪。"天鹅炙"，即烤天鹅，天鹅为稀有动物。"紫玉浆"为葡萄酒，色浓红，味甘芳。"玄玉浆"即马奶酒。玄，黑也。黑色马奶酿造的酒是蒙古族贵族的饮料，平民百姓无权享用。所以说，元代八珍较之前代八珍已面目全非，不仅有了走兽，还包括了飞禽；不止限于吃肉，还有了油和奶制品；不再过分地强调烹饪，而且着眼于精（细）、少（稀少）。这时的八珍讲究营养价值，显然得来不易。

清代宫廷饮食也讲究"八珍食品"，而且名目繁多，选料各异，远远超过了周八珍、元八珍。清代流传下来的山八珍、海八珍、禽八珍、草八珍是宫廷筵宴的主要菜肴。这些八珍囊括天上地下的珍异物品，为帝王一人所有。如山八珍有驼峰、熊掌、猴头、猩唇、豹胎、犀牛尾、鹿筋、酥酪蝉。海八珍有鲨鱼翅、辽参、鲜贝、紫鲍、乌龟蛋、鱼骨、鳘肚、鱼皮。虽然八珍之物得来不易，但都是人间实物。

在清代宫廷食品中还有许多"八珍"食品，如八珍糕、八珍汤、八珍鸡等。这些"八珍"是用8种原材料合制或用8种调料烹制某一食品而得名。大多是营养、健身、强体的药膳食品。慈禧晚年心气两亏，也常用8种药物加小米、薏米、冬瓜皮熬八珍汤喝。"八珍糕秘方"原载明代陈实功所著《外科正宗》一书，已为人们广泛应用。乾隆与慈禧各自为己所需，将配方作了修改。据中国第一历史档案馆所存《清御茶膳房》档案记载，乾隆帝自四十四年（1779年）服用八珍糕以来，身体一直很好，连服十几年，效果甚佳。乾隆帝活了89岁，慈禧也活了74岁，在历代帝王中也数得上是高寿之君了。清宫帝后常年居住在深宫大院，食膏粱厚味，日久生厌。八珍糕、八珍汤既有药效又无药味，非常适合厌于药喜于食的帝后口味。清宫八珍糕、八珍汤始终为帝后所食用，成为清代宫廷饮食受欢迎的食品之一。

3. 炙鱼

公元前514年，一场惊心动魄的宫廷政变爆发于东南沿海的吴国。谁都无法相信，引起这场宫廷政变的导火索，竟然是一次色香味美的"炙鱼宴"。

吴王夷昧去世后，其子僚坐上了王位，是为吴王僚。其堂兄公子光心里很是不服气。他绞尽脑汁苦思冥想，要迫使吴王僚交出政权。正在这时，从楚国逃到吴国的伍子胥来到公子光身边。公子光早就听说伍子胥有勇有谋，便把埋藏在心中的憾事向伍子胥吐露，并向伍子胥许诺，事成之后，一定请他做相国。伍子胥经过多方面的调查，得知吴王僚喜食美味佳肴，对"炙鱼"尤感兴趣。于是，伍子胥与公子光商量，是否用炙鱼作诱饵，对吴王实行夺权斗争呢？于是，他叫公子光物色了一位烹饪高手，学做炙鱼。公子光听后，就找了一位叫专诸的勇士，让其到太湖边上烹饪大师太和公处学习烹制炙鱼的技法。勇士专诸的父亲与吴王僚有仇恨，这更激发了专诸的复仇决心。于是专诸拜老太和公为师，早起晚睡，认真学习烹调技艺，3个月后学成。

专诸学成后，回到公子光处。公子光与伍子胥密谋了刺杀吴王僚的方案后，便请他宴饮品尝名肴"炙鱼"。吴王僚贪馋炙鱼，如期赴约。正当酣畅之际，专诸以厨师的身份献上一盘佐酒鱼馔。吴王僚见盘中炙鱼首平尾翘，呈金黄色，因刚刚离火，还带有吱吱的炙烤声，烧烤的焦香味扑鼻而来。当吴王僚正要吃鱼时，专诸以迅雷不及掩耳之势，从鱼腹中抽出匕首刺死他。史书记载，吴王僚赴宴前，本有戒心，为防止意外，命士卒从宫中排列到宴席前。公子光在安顿好吴王僚后，即对士卒送酒送菜。开始，士卒们面对酒馔不动声色。酒越送越香，菜越上越精。吴王的士卒们抵挡不住酒馔的诱惑，终于畅饮起来。直到吴王僚倒在血泊中，吴王的士卒们才明白过来所发生的事情。混乱之中，勇士专诸被乱刀砍死。公子光夺取了王权，当上了国君。这就是吴越春秋时历史上有名的吴王阖闾。伍子胥也如约当上了吴国的相国。

"炙鱼"如此诱人，它是怎样的一种肴馔呢？据北魏贾思勰在《齐民要术》一书中记载，炙，是烧烤类的一种。炙鱼，即将鱼洗净，去肠后，用调料浸渍入味控干，放在小火上慢慢烧炙。在烤炙过程中，还要不停地用香菜汁浇鱼，直到炙熟为止。《齐民要术》中的炙鱼用料十分丰富，仅调料、佐料就有盐、豆豉、醋、姜、橘皮、花椒、葱、胡芹、小蒜、紫苏、食茱萸（zhū yú）。炙鱼时要掌握合适的火候，火过急、过缓都不行，必须使调料滋味充分入鱼体内，才可使炙熟的鱼色、香、味俱佳。虽然贾思勰记载的炙鱼法是黄河流域的制作方法，又与吴王僚喜食的炙鱼相距千年之久，地域和时间差异总会有所不同，但传统的烹饪方式与饮食习惯则是在互相借鉴的基础上发展起来的。

江南一带自古地广人稀，盛产饭稻羹鱼，素有"鱼米之乡"的美称。丰厚的经济资源，为饮食的繁荣与发展奠定了坚实的基础，尤以吴国（今苏州）讲究饮食，烹饪技艺冠于天下。《楚辞·招魂》中就曾记载了春秋时，楚国聘请吴国的厨师做出一道鲜美的酸辣羹，使郢都的贵族赞不绝口。尤其是对鱼馔的烹制更是多姿多彩，饮誉天下。公元前585年，吴王寿梦发明制作鱼鲊（zhǎ），多年后，吴王阖闾始作鱼脍，其女儿则喜食蒸鱼。阖闾还筑鱼城以养鱼，置冰室以保鲜。秦汉以来，人们对鱼馔讲究，更注重食鱼的品种，"鱼之美者，洞庭之鳟"。到了魏晋南北朝，"鲈鱼莼羹"不仅被誉为"一时珍品"，还是游子思乡的代名词。鱼米之乡与食鱼结下了不解之缘。宫廷吃鱼也很挑剔，一年12个月所食鱼类从不重样：一月，塘里鱼；二月，刀鱼；三月，鳜鱼；四月，鲥鱼；五月，白鱼；六月，鳊（biān）鱼；七月，鳗鱼；八月，鲃鱼；九月，鲫鱼；.十月，草鱼；十一月，鲢鱼；十二月，青鱼。每月食时令鱼时，还针对不同鱼种的不同部位烹制鱼馔："五月白鱼吃肚皮""九月鲫鱼红塞肉""十一月鲢鱼汤吃头""十二月青鱼只吃尾"……

4. 羊羹

在《中山策》这本古代历史文献中，记载着这样一件事：春秋时的中山国（在今河北正定东北部）国君常在宫廷中举行宴会，招待客人品尝羊羹。客人们也以食到中山君的羊羹而感到荣耀。一次，中山君飨客羊羹，因人多羹少，将特地赶来食羊羹的司马子期遗漏了。司马子期觉得受到羞辱，愤愤离席而去。当时大国争霸，逐鹿中原，特别是齐、楚两国，都不断吞并小国以壮大自己的势力和土地。司马子期带着满腹怨恨跑到楚国。在楚王面前讲了许多中山君的坏话，游说楚王讨伐中山国。楚王利欲熏心，即令出动兵甲，扫平中山国。中山君被这突如其来的灭国之举弄得措手不及，只得混在人群中弃国逃往他乡。随着逃亡路途的艰难和粮食的缺乏，中山君的侍从、卫士们纷纷离开中山君，各寻生路。可是，有两名武士一直紧跟着中山君，不肯离开一步。中山君问他俩，别人都另寻生路，你俩为什么还跟着我受饿呢？这两位武士听罢"扑通"跪地回答说："我们两人不走，是为了报答您的救命之恩。那一年天遇大旱，不收五谷。我父亲眼看就要饿死时，您派人送去一斛粮食，使他渡过难关，免于一死。事后，我父亲对我们说：'是中山君救了我的命，你们一定要记在心里。将来他遇到难事，你们要以死相报'。"中山君听到这里，不禁仰天长叹，说道："给予不在多少，而在于雪中送炭；怨恨不在深浅，而在于莫伤人心啊！我因一杯羊羹失去了国家，又因一斛粮食而得到两位义士相助，后人应当记取这个教训啊！"一杯羊羹有如此大的威力，那么羊羹是一种什么样的食品呢？

在我国游牧时期，人类饮食资源以肉为主，食肉十分广泛。自商、周以来，农业发展，将大部分适于放牧的地区辟为农田，用来生产粮食，畜牧业比重下降，人们食肉受到了种种限制。随着贫富差别的明显划分，出现了食肉的等级观念。《左传·昭公十年》载："天有十日，人有十等。"人被人为地划为10个等级，即王、公、大夫、士、皂、舆、隶、僚、仆、台。这10个等级中，"诸侯无故不杀牛，大夫无故不杀羊，士无故不杀犬豕，庶人无故不食珍"。只有王有特殊的食肉资格，诸侯平时可以吃羊肉，平民百姓要到70岁才能吃到肉。

在肉食消费历史中，以牛、羊、猪、狗四种牲畜为主。羊以易于放养、繁殖快、生长快及羊肉营养丰富、味道鲜美等被人类所钟爱。无论是捕捉的野生羊还是饲养的羊，都是历代肴馔中的上品。特别是在中国传统的饮食观念中，羊是"祥"的象征，羊与"阳"同音，美好的字意与字音，更为权势者所青睐。因此，在象征统治阶级权威与等级的"九鼎八簋"中，羊在其中占主要的位置，其后才是猪、鸡、鱼等。在周天子享用的8种珍物中，用羊烹制的菜肴就占了"四珍"。

羊肉为古人所重，羊羹无疑是兼以美味的佐餐之物。古代中原地区的饮食传统，极为讲究副食中流质食品的种类和花样。在烹饪方法上，有单味羹、复味羹。单味羹即是用一种原料制成的，如《礼记·内则》中记载的"雉羹""脯羹""兔羹"等。复味羹则是用米汤加肉煮成的。复味羹不仅味道美，还体现了中国传统的人生哲学所推崇的"合"这一味觉的最高审美。至于羹的食法，《仪礼·士昏》曾载"大羹须热"，大羹即肉羹。也就是说，肉羹应趁热食用。据此推测，古代人食羹连同烹羹的锅——鼎一同端上桌，这种食法类似今天的火锅涮羊肉。食肉、喝汤，充分体现了羹的天然滋味。可想而知，在限制肉食消费的古代，一杯羊羹会给人带来莫大的荣辱啊！

5. 饼食

在中国古代文明的历史长河中，唐代是饮食文化发展的重要时期。它既承前启后、继往开来，又百花盛开、大放异彩，在饮食文化史中占有一定位置。

618年，李唐王朝取隋而代之，定都长安。从"贞观之治"到"开元盛世",经过了太宗李世民、玄宗李隆基等明君的精心治理,社会稳定、经济繁荣、百姓富足、疆域扩大、中外文化交流频繁。城市消费人口剧增,促进了饮食烹饪技术的发展,极大地丰富了唐代饮食文化。唐代社会的统治阶层,是高度发达的唐代物质文化的享用者。唐代宫廷饮食更是享有盛名。唐代宫廷的面类食品就很有代表性。

唐代宫廷帝后以面制饼为日常主食,据历史文献记载,计有蒸饼、煎饼、薄饼、春饼、面起饼、千层饼、五福饼、消灾饼、二仪饼、松花饼、红绫饼、寒食饼、胡麻饼、双拌方破饼、阿韩特饼、凡当饼、赍字五色饼及饐(duī)子、捻头、古楼子等20多个品种。唐代宫廷中有专门制作饼的御厨,凭着他们高超的技艺,利用宫廷中丰厚的物质,不同的场合、节日,制出不同形式的饼馔。立春日吃春饼。唐《四时宝镜》中载:"立春日食莱菔(萝卜)、春饼、生菜,号'春盘'。"杜甫也有"春饼春盘细生菜,忽忆两京全盛时"的名句。二月初一中和节,唐代帝王在曲江边宴请文武百官,观赏曲江春色,品尝珍馐美肴。据说,这天是太阳的生日,要吃太阳鸡糕饼来祭祀太阳。唐代宫廷筵宴中,当然少不了带有金鸡图案的蒸饼。寒食节(清明前一日)宫廷食品中有"子推饼""环饼"。子推饼"以面为蒸饼样,团枣附之,名为子推"(宋高承

《事物纪原》)。至于环饼，则是一种用油炸得酥香脆美的环形食品，可以久放贮存。寒食节的起源与春秋时代晋国公子重耳的臣子介子推有关。据传，重耳流亡在国外历尽艰难，介子推始终保驾不离左右。当重耳返国当上国君后，大封功臣，唯独落下了介子推。介子推居功不邀，逃到大山林中。重耳派人搜山寻找，不见子推，于是命人放火烧林，想让子推走出来。结果介子推被火烧死也没出林。重耳心里难过，在这一天用吃冷饭来纪念介子推，以示追悔。然而随着时间的推移，寒食节古朴的食风逐渐被封建贵族的美食佳肴所代替了。

唐代饼食是笃信佛教的信徒的主要食品。唐代是我国佛教发展的高峰时期。宫廷信佛并提倡茹素之风。上面所提到的环饼又称"寒具"，是用蜂蜜水和面入油锅炸熟的。唐皇室贵族们用寒具供奉佛祖，在制法上更为独特，除用酥蜜和面外，还在面胚上粘上芝麻，制成"酥蜜寒具"。唐文宗时，为了表示笃信佛教的虔诚之心，用胡饼招待来自日本的僧人园仁，"赐胡饼、素粥"。以至有唐一代朝野"时行胡饼、俗家皆然"。长安城内出售胡饼的饮食店铺名声大振。《廷尉决事》曾记有一位名叫张桂的人，因卖胡饼而出名，后来还做了官，被传为佳话。直至晚唐胡饼不衰。

唐代宫廷每年暮春季节都要在曲江举行新进士游宴，

宫廷御厨要制出许多饼食，用红色绫绸包裹，称为"红绫饼"。皇帝亲临曲江宴赐给新进士每人一枚红绫饼。吃到红绫饼的人把它看成是最高的荣誉，红绫饼更是为世人所推崇。史载，曾吃过红绫饼的学士卢延让初入四川时，为当地官员瞧不起。卢延让满腹经纶，气愤难忍，为了表明自己的身份，特作诗言道："莫欺零落残牙齿，雪吃红绫饼餤来。"从此卢被人刮目相看。红绫饼的制作也传到四川。

　　唐代宫廷饼食的制作对民间饮食风尚产生了巨大影响。无论豪门贵族，还是平民百姓及文人墨客都被饼食所吸引。《唐语林》中说，豪门贵族之间宴请，风行一种叫"古楼子"的巨型大馅饼。用面粉团包以羊肉、花椒、豆豉等调合成的馅，在饼铛上用油煎熟。《酉阳杂俎》续集记载道，唐代国都长安城内市场上有许多出售饼食的店铺，制作出甜咸各异、大小不等的饼食。其中有一名为"长兴里饆饠（bì luó）店"专门以制作切开论斤卖的大饆饠而闻名。饆饠即"炉里熟"，《玉篇》释曰："饆饠，饼属，以面为之，中有馅。"唐代诗人白居易曾居住长安，学到一套制作胡饼的手艺。后来，白居易到四川做刺史，写有《寄胡饼与杨万州》一诗，将胡饼色香味介绍得十分详细："胡麻饼样学京师，面脆油香新出炉。寄与饥馋杨大使，尝看得似辅兴无？"（辅兴即长安城内的辅兴坊，是专卖胡饼的店铺。）可见，当时胡饼流传甚广，不仅在京师，还传到外地。1972年在新疆吐鲁番阿斯塔那唐墓中，出土了保存非常完整的做面食泥俑群，其中就有擀面饼、烙面饼的塑像，真实地反映出饼食不仅在宫廷备受欢迎，在宫廷以外乃至遥远的四川、新疆诸地，也是人们常食的食品。

6. 葡萄酒

唐代宫廷饮食丰富，帝王饮宴名目繁多。宴席间杯传觥畅，吟诗起舞，投注行令，美食佳馔，玉液琼浆，促成了唐代宫廷宴必饮酒的饮食习尚。唐代帝王饮酒，有醇香的白酒、健身的黄酒、治病的药酒。然而，最受唐代帝王喜爱的却是果酒类中的葡萄酒。唐太宗李世民称葡萄酒是"千日醉不醒"的美酒，唐穆宗饮过之后命名为"太平君子"。寥寥数语，道出了唐代帝王饮过葡萄酒后的欢畅感受。

葡萄酒是葡萄发酵后酿成的甜酒。葡萄原产于欧洲、西亚和北非一带，是世界上最古老的果树品种之一。早在7000多年前，埃及人就知道葡萄的栽培技术，种植葡萄的方法由此逐渐向世界传播。我国古代早已有原生葡萄。

原始人采摘野果充饥解渴，将多余的野果贮存于洞穴中，经过自然发酵，果汁变成果酒，其中就包括葡萄酒。据史书记载，周王朝时就有了关于葡萄园的记载。西汉汉武帝年间，派张骞出使西域，将西亚葡萄引入内地，种植在离宫别馆周围，但生长得十分缓慢。后经我国园艺家精心培育，将我国原生葡萄与引进葡萄进行无性和有性杂交，逐步培育出适合我国水土的优良葡萄。魏文帝曹丕把葡萄列为"中国珍果"，说它味道"甘而不饴，酸而不酢，冷而不寒"，吃到口中"味长汁多，除烦解渴"。南北朝时，葡萄种植面积扩大，仅长安一带就"园种户植，接荫连架"。每到秋天，葡萄成熟时，采摘下来，酿造葡萄酒。

张骞出使西域不仅带回良种葡萄，还招聘了酿制葡萄酒的艺人。随着葡萄品种的改变，中外酿制葡萄酒的技术也互相促进，工艺不断提高。魏文帝曹丕饮过葡萄酒后，口涎不止，"道之固以流漾咽嗌"（漾同涎），连连称其为美酒。当时葡萄名贵，葡萄酒也仅为帝王等少数人享受。有些投机者，便将葡萄酒作为仕途晋升受宠的阶梯。东汉末年，宦官张让霸占田地，搜刮民财，家有万贯巨资，手握朝廷大权，却仍将葡萄酒作为稀罕之物。当时，有一个人想入仕途，就送给张让一斛葡萄酒，张让立即满足了他的要求，授他凉州刺史的官职。南北朝时，李元忠向齐废帝献葡萄酒，"世宗报以百练缣"。因酒得到官职和100匹细密绢的赏赐，足见当时葡萄酒之名贵。

　　到了唐代，葡萄广泛种植，葡萄酒的酿制技术也得到不断地提高。据《唐本草》中记载，"凡作酒醴须曲，而葡萄、蜜等酒独不用曲"。由于葡萄酒色红如胭脂，味道香醇甜似甘露，民间广为酿造，尤其是为宫廷帝王酿造葡萄酒，更提高了葡萄酒的身价。

　　公元640年，唐太宗李世民在征战高昌（今吐鲁番）时，得到当地名产马奶葡萄种，回到长安后种在御苑中。待葡萄收获后，仿照高昌葡萄酒的酿制方法，亲自监督制造。《唐书》中曾记载，唐代宫廷酿造的葡萄酒"凡有八色，芳香酷烈，味兼醍醐（tí hú）"。八色即8种葡萄酒的颜色，有不少是经过改造高昌制酒法而酿制成的新酒。其中有一种呈绿色的酒液，就是李白在《襄阳歌》中赞誉的"鸭头绿"葡萄酒，从此长安有了绿色的葡萄酒。唐代宰相魏征也十分善于用葡萄酿酒，特取"醽醁（líng lù）"和"翠涛"为酒名。魏征将自己酿的酒献给太宗品尝，太宗连连称道，写诗赞曰："醽醁胜兰生，翠涛过玉薤（xiè），千日醉不醒，十年味不败。"诗中提到的"兰生"是汉武帝时的名贵美酒；"玉薤"是隋炀帝所欣赏的酒。

　　由于唐代帝王对葡萄酒的喜好，民间酿制、品饮葡萄酒蔚然成风。《唐国史补》一书中列举了许多当时的名优特产，在"酒"的名下，就有"江东之乾和葡萄"的记载。

许多唐代诗人的作品中也都提到葡萄酒，如"葡萄酒，金叵罗，吴姬十五细马驮"，"种此如种玉，酿之成美酒，令人饮不足"等等。其中王翰《凉州词》："葡萄美酒夜光杯，欲饮琵琶马上催。醉卧沙场君莫笑，古来征战几人回?"成了千古绝唱。

唐代以后，葡萄酒在我国北方民族建立的辽、金、元各代宫廷中更为流行。历代帝王还将葡萄酒作为滋补健身的药酒来饮用。

7. 马奶酒

元代是蒙古贵族建立的大一统王朝。宫廷起居饮食，极富民族特色。元代宫廷御饮的马奶酒，就是其中的一例。

马奶是北方游牧民族的饮料。相传，蒙古族先祖外出游牧时，要带炒米、马奶以解饥渴。奔波劳动一天后，打开皮囊喝马奶，发现奶味变酸，并伴有醇香的酒味。从此马奶酒在游牧民族中开始流行，成为蒙古族、哈萨克族诸民族的民间饮料。民间制作马奶酒，将新鲜马奶装在一大皮囊中，用一根特制的大木棒朝一个方向搅拌。大木棒上细下粗，中间挖空。搅拌到一定时候，奶中所有的固体部分下沉到底部，像葡萄酒渣一样，留在上面的液体纯净部分就是马奶酒。经过搅拌的马奶酒变酸，发酵。当它达到一定辣度时，就可以喝了。喝完马奶酒后，舌头上留有杏仁汁的味道，胃里也极为舒服。据说，马奶酒含有丰富的营养和芳香性物质，还可抑制马奶中对人体有害的病菌。这种酒的酒精度低，既清凉解暑又能滋补健身。因此，蒙古族人——包括妇女、儿童在内都喜欢饮马奶酒。马奶酒还是招待远方客人和尊贵朋友的礼仪佳品。

在酿制马奶酒时，视马的毛色以别贵贱。黑色马的奶酿酒最为珍贵，被视作精品。蒙古语称黑马奶为黑忽迷思，额速克，译为汉语即是"玄玉浆""元玉浆"。"玄"即黑也。饮黑马奶酒的筵席规格最高，在蒙古族汗帐中身份、地位显赫的人才有资格享用。为《黑鞑事略》作疏证的南宋人徐霆曾出使蒙古，他以亲见亲闻记录了黑马奶酒："初到金帐，鞑主饮以马奶，色清而味甜，与寻常色白而浊、味酸而膻者大不同，名曰黑马奶，盖清则似黑。问之则曰，此实撞之七八日，撞多则愈清，清则气不膻。"黑马奶酒的酒精度稍高于普通马奶酒，制作也比普通马奶酒的工序复杂，产量不高。只有蒙古贵族才能酿制。因此，黑马奶酒一直是蒙古汗帐的精品，直到蒙古军入关，都是宫廷御用酒。

宫廷饮用马奶酒的历史，要追溯到汉代。两千多年前，马奶酒由漠北传入中原，很快就受到宫廷的欢迎。长安官坊酿制的多种酒中，就有马奶酒。汉代宫廷设官管理酿造制酒。汉武帝太初元年，将太仆寺负责酿酒的"家马令"更名为"挏马令"。此后，历代王朝都设有专门管理酿造马奶酒的机构。蒙古族崛起后，马奶酒受到了高度的重视。自成吉思汗起，把马奶酒视为国酒。元代陪都滦京（今内蒙古正蓝旗东北）是马奶酒的最大产地。这里的马奶酒，不仅吸引着蒙古族王公贵族纷至沓来品尝称颂（"祭天马酒洒平野，沙际风来草亦香"），也吸引着汉族文人雅士云集上京畅饮。如官拜中书左丞之职的许有壬曾多次前往，每次饮马奶酒后，多有诗作。其中一首《上京十咏·马酒》的诗作，对马奶酒的风韵给予高度赞扬："味似融甘露，香疑酿醴泉。新醅（pēi）撞重白，绝品挹（yì）清玄。骥子饥无乳，将军醉卧毡。挏官闻汉史，鲸吸有今年。"

　　1271年，忽必烈建立元朝，定都北京，饮食起居一改草原遗风，而马奶酒却得到保留。在元代宫廷生活中，无论是节日筵宴，赏赐群臣，还是祭祀祖宗家庙，都用马奶酒："太庙令取案上先设金玉爵斝马湩、葡萄尚酝酒，以次授献官。""湩乳、葡萄酒，以国礼割奠，皆列室用之。"（《元史·祭祀志》）意大利人马可·波罗在他撰写的《马可·波罗游记》中详细地记载了元代皇帝忽必烈用金碗畅饮马奶酒的情景，忽必烈不仅自己饮马奶酒，还常用马奶酒赏赐大臣。元代开国名相耶律楚材就写过饮马奶酒的诗："天马西来酿玉浆，革囊倾处酒微香。长江莫吝西江水，文举休空北海觞。浅白痛思琼液冷，微甘酷爱蔗浆凉。茂陵要洒尘心渴，愿得朝朝赐我尝。"至元十四年（1277年），宫廷筵宴，饮用的是马奶酒。朝臣汪元量在座，宴毕，他作《御宴蓬莱岛》一诗，真实地记下了皇家内宴用马奶酒的史实："晓入重闱对冕旒（liú），内家开宴拥歌讴。驼峰屡割分金盎，马奶时倾泛玉瓯（ōu）。"元末明初文学家陶宗仪著《辍耕录》，将马奶酒称为"玄玉浆"，列为西北八珍之一。

用马奶酒祭祀祖宗神灵，是蒙古族的传统。元代太仆寺是主管畜牧业和马奶酒制造的专门机构。史籍记载，当时太仆寺蓄养的御马"不可以数计"，"供宗庙影堂、山陵祭祀与玉食之挏乳"。皇帝出行前，先用马奶酒洒地祭祀一切神灵，洒后始行。皇帝出朝还朝，"凡车驾巡幸，太仆寺卿以下皆从，先驱马出建德门外，取其肥可挏乳者以行。自天子以及诸王百官，各以脱罗毡置撒帐，为取乳室。车驾还，太仆寺卿先期征马五十酝都来京师"，做好制马奶酒的准备工作，以保证皇帝随时取用。每年春季，元代宫廷择日举行"酬神祚马"的祭神活动。用头一次下驹的初乳酿酒，放在玉盘内祭祀，称为"玉醴"。玉醴有感谢神灵降福于民的意思，也有祈祝来年六畜兴旺、岁岁平安的意思。现在，故宫内还珍藏着蒙古族作玉醴用的大玉盘。盘心直径近2尺，深4寸，能放一担马奶酒呢！

8. 奶茶

在清代宫廷饮食中，奶茶是不可缺少的饮料之一。无论是宫廷各大筵宴、皇帝万寿、皇太后圣寿庆典宴请蒙古王公、西藏喇嘛、外国使臣，或是宫内各种神祖祭祀、帝后日常饮膳，都离不了奶茶。奶茶是一种什么样的饮料，为什么在清代宫廷中受到如此重视呢？

早在秦汉时期，活跃在北方的游牧民族就有"食肉饮乳"的生活习惯。汉代以后，奶及奶食品传入中原，受到中原各族的喜爱。尤其汉代宫廷曾设置了制作、管理奶制品的机构，为皇家饮食供奉乳酪和奶茶。唐代饮茶之风盛行南北。随着中原地区与边疆各少数民族间的友好往来，饮茶风习逐渐为游牧民族接受，茶叶也源源不断地输往蒙古、满、藏等兄弟民族地区。唐太宗时，文成公主下嫁松赞干布，不仅带去中原的茶叶，还向当地人民传授烹茶技术。教他们用牛奶、羊奶与传入的茶叶相熬，创制了清香美味的饮料——奶茶。人们越喝越爱喝，几乎达到"宁可三日无粮，不可一日无茶"的程度。原来，茶叶中含有的咖啡因、茶碱、鞣酸经煮沸后挥发，与牛奶中的脂肪、蛋白质混合，再加入食盐，产生热量。饮奶茶，能够补充人体因长期食肉而导致的维生素和无机盐的不足，使人体内营养失调、消化不良得到缓解，还能解膻去腥，清内热。饮茶优点被游牧民族认识后，不惜以马易茶，出现茶马互市的交易。唐德宗时的御史中丞封演曾在他的《封氏闻见录》中写道："（茶）南人好饮之，北人初不多饮。开元中……遂成风俗……始自中地，流于塞外。往年回鹘（hú）入朝，大驱名马，市茶而归，亦足怪焉。"茶马互市成了蒙古、藏、满等游牧民族的经济纽带，奶茶、酥油茶不仅是他们嗜食成癖的饮料，更是他们供奉宗教的圣洁供品与食物。

自古满蒙相邻，有着相同的生活习惯和摄食方式。蒙古族以奶茶为食亦与满族相同，民间熬奶茶多用砖茶。贵族们熬煮奶茶则用浓汤味醇的紧压茶，诸如紧茶、普洱茶、团茶等，尤其是祭祀供奉的奶茶，熬制十分讲究。将茶放到银制或铜制的奶茶壶中熬煮沸后，滤去茶叶渣，兑入牛奶和盐，使之呈浅咖啡色，散发出阵阵奶茶香。

清代皇室入关，将饮奶茶的饮食传统带入紫禁城。皇帝、后妃每祭神祖，都要献一碗奶茶表示敬意，宫廷筵宴还将赐奶茶作为隆重的礼仪制度，以体现皇恩浩荡、与民同乐。清乾隆帝曾作诗注云："国家典礼，御殿则赐茶（奶茶）。乳作汁，所以使人肥泽也。"宫廷筵宴中凡有进馔、进茶、进酒的仪式，必定是奶茶。外藩王公觐见皇帝时，宫廷亦有赐茶礼仪，也赐以奶茶。乾隆二十五年（1760年）正月初九、初十两日，西藏安集延额尔德尼伯克、拔达山汗素尔坦沙等遣陪臣输诚入觐，乾隆帝在乾清宫设奶茶招待。《国朝宫史》载："理藩院尚书引陪臣，自乾清右门入，趋西阶，升丹陛上北面，行三跪九叩礼，毕，理藩院尚书引入殿西门，于班末一叩坐。赐茶，尚茶以茶案由中道进至檐下，进茶大臣恭进皇帝茶，王以下暨陪臣咸行一叩礼，侍卫等分赐茶，各于坐行一叩礼，饮讫，复叩，坐如初。"为了显示清代宫廷对神圣奶茶的敬重，乾隆帝特命宫廷造办处玉作匠人从新疆和阗玉中精选一块"质如凝脂，洁白无瑕"的玉，制作了一只双桃耳形的奶茶碗。碗外壁近底处和圈足表面，饰以错金片的花卉枝叶，并用180颗闪亮的红宝石镶嵌成朵朵花瓣。玉碗内底正中镌刻"乾隆御

白玉镶红宝石奶茶碗

用"4字，沿碗边内壁刻乾隆"御题"五言诗一首："酪浆煮牛乳，玉碗拟羊脂。御殿威仪赞，赐茶恩惠施。子雍曾有誉，鸿渐未容知。论彼虽清矣，方斯不中之。巨材实艰致，良匠命精追。读史浮大白，戒甘我弗为。"据史料记载，乾隆帝曾多次在重大的筵宴中用这个玉碗饮奶茶、赐奶茶，意在团结边疆少数民族贵族。这体现了清廷对少数民族的优渥和礼遇。

清宫筵宴赐茶需用大量牛奶。所用牛奶由庆丰司供给。而奶茶熬制则由宫中专门管理筵宴的机构——光禄寺承办。筵宴前一日，光禄寺派人亲临熬茶所，监督蒙古熬茶高手熬制奶茶。熬的具体方法是，取牛乳一镟子（一镟为3斤8两），置桶内，加奶油2钱、黄茶一包（2两重）、青盐1两，然后置火上熬煮，即成。将熬成的奶茶盛装在银茶筒内，以备应用。筵宴时，再分装在银质龙首奶壶中。

皇帝、后妃们平日饮奶茶用的牛奶、茶叶均有一定的份额。《大清会典》中载，皇帝例用乳牛50头，每头牛每天交乳2斤（每日收乳共100斤），玉泉水12罐，乳油一斤，茶叶75包（每包重2两）。皇后例用乳牛25头，得乳50斤，玉泉水12罐，茶叶10包。皇贵妃及妃嫔等日定量的乳牛牛乳、玉泉水、茶叶等递减。皇帝、皇后日饮奶茶都由茶膳房蒙古茶役熬煮。正膳之后，饮用奶茶。清乾隆帝晚年，尤嗜奶茶。据档案记载，乾隆四十四年（1779年）以后，常常有胃功能减退的现象。宫廷御医根据明代八珍糕的配方增减药味，用人参、茯苓、山药、扁豆、薏米、芡实、建莲、粳米面、糯米面、白糖上锅蒸熟，晾凉食用。当御膳太监问及乾隆帝什么时候食八珍糕时，他说："每日随着熬茶时送八珍糕。"奶茶与八珍糕相匹，不仅易于消化和吸收，还有补气、固肾、消导、健胃的食疗功效。当时，乾隆帝不可能对奶茶有科学的分析，但奶茶中的滋补作用，非常适合日食膏粱的帝后饮用，他是十分清楚的。

9. 饽饽

　　饽饽是清代宫廷饮食中最富民族特色的食品，在清代宫廷饮食生活中占有重要的位置。凡是麦、黍、稷、粟、谷、豆类等杂粮都能磨成面粉，用蒸、炸、煮、烙、烤等不同熟制方法制成甜、咸可口的饽饽，成为皇帝日常饮食或宫廷筵宴中的主要食品。

　　饽饽源于满族传统生活方式。满族先祖是历史上的肃慎、挹娄、勿吉、靺鞨、女真等民族的后代，世世代代繁衍生息在白山黑水的广垠大地上。靠山吃山，靠水吃水，他们以狩猎吃肉为主，兼以采摘各种山货、果实。16世纪末，满族先祖定居在苏子河畔，生产方式也随之改变，农猎结合，以农业为主，以饲养为辅；其饮食结构也发生变化，变为以粮食为主食，以肉、奶为副食。冬季农闲，外出狩猎，随身要带许多干粮。天气寒冷，干粮冻成冰疙瘩，吃时用火烤后，焦黄、酥脆，吃起来香甜可口，既暖肚饱腹又持久耐饿，深受满族人喜爱。随着满族地区农作物的广泛种植和农作物加工方式的进步，满族饮食也经历了由简到繁、由粗到精的变化，逐渐改变了不善于多层次加工食品的烹制方式，如在实心饽饽中加入红豆泥的馅心，或者加上蜂蜜、芝麻、牛奶、鸡蛋制成麻花、炸食、奶食等。后金天命八年（1623年），努尔哈赤设家宴招待八贝勒家人，宴桌上就摆有"麻花饽饽一种，麦子饽饽二种，朝鲜饽饽一种，炸食饽饽一种，馒头、绿豆粉、果子"。（朝鲜饽饽，即高丽饼、打糕等食品。）

满族入关后，虽然统治地位和生活环境变化了，但长时间形成的民族心理，在清代皇帝的饮食生活中依然得到继承。皇帝日常饮食和宫廷筵宴不但仍以饽饽为主，还在清宫庞大的御膳机构中专门设置了内饽饽房和外饽饽房。内饽饽房主要承办皇帝、皇后、妃嫔日常饮膳用的各类饽饽，每月朔（初一）、望（十五）两日佛楼上供用的"炉食供"和佛城用的"玉露霜供"以及内用、赏用的饽饽、

馇子、拉拉、花糕以及上元节、端午节、中秋节等宫中所
需的应节食品元宵、粽子、月饼等。外饽饽房主要备办皇
帝、皇后、妃嫔等人的宴桌和各类供桌、大宴桌，以及筵
宴外藩蒙古王公用的班桌、皇子用的内用桌、专备赏赐用
御膳用的跟桌、佛前用的小供桌、七星供桌等，还要备办
各寺庙用的供饼等。内饽饽房与外饽饽房形成了著名而庞
大的满族饽饽体系，包揽了有清一代满席筵宴的馔品，并
将宴席规格定为制度，载入宫廷典章制度的蓝本——《钦
定大清会典事例》中。清宫筵宴，用饽饽桌90张。饽饽
桌，即放饽饽的红油漆矮桌，长方形，上面摆各式饽饽
十五品。每品饽饽数额，视筵宴等级来定。筵宴前一日，
内外饽饽房将饽饽放入盘碟中，分摆在饽饽桌上。经光禄
寺（负责宫廷宴事的机构）派来的堂官检验查看合格后，
在饽饽桌上盖一红色包袱布，抬到饽饽棚内。夜里由厨役
轮流看管，第二天开宴前再抬到现场以备宴用。清宫筵
宴，多在乾清宫和保和殿举行，届时皇帝一人居殿堂正
中，殿外两廊下设王公及一二品大臣宴桌，丹陛上设三四
品大臣宴桌，通道两房设五品至九品大臣宴桌。满席宴桌
即饽饽桌，一二品大臣、王公等两人一桌，其余各品官员
则二三人不等。宫廷筵宴有严格的礼仪，如先进馔，再进
酒，后进茶果。众人先视皇帝食、饮后，下一个程序再开
始。因此，赴宴廷臣无法用膳，只不过摆摆样子而已。宴

席间吃不完的饽饽，可以"挟携以归"——即带回家食用。

清宫遇有喜庆节日，皇帝要赐"饽饽桌"。饽饽桌有头品中品之区别。头品饽饽桌用面额定35斤，制成炸食、炉食、蒸食等不同熟制不同口味的饽饽，用于妃嫔生日、晋封时赏赐。中品饽饽桌用面额定25斤，制法与头品相同，只是数量少，用于皇子、亲王生日时赏赐。另外，妃嫔遇喜生育、皇子娶妻、公主下嫁也都用饽饽桌作为庆贺礼品。尤其是宫中节日、礼佛、敬神、祭祖上供用的供品，更是饽饽用量的大宗。一张供桌就摆了大饽饽4盘（每盘40个）、蜂蜜印子两盘（每盘60个）、薄烧饼两盘（每盘80个）、红白点子两盘（每盘5个）、鸡蛋印子两盘（每盘60个）、梅花酥4盘（每盘60个）、夹馅饼4盘（每盘70个）、玉露霜两盘（每盘50个）、芝麻酥4盘（每盘50个）、小饽饽两盘（每盘30个）、红白馓子3盘（每盘大、小75把）。制作这些饽饽，需用头等白面100斤，二等白面10斤、酥油24斤、奶油10斤、白糖24斤、白饧（táng，用米或杂粮加麦芽或谷芽熬成的一种糖）2斤、蜂蜜5斤、鸡蛋200个、粟米7升、盐一斤、绿豆粉6斤、芝麻3升6合、澄沙5升、粗核桃仁10斤4两、黑枣7斤2两、黑葡萄8两。另外，每到佳时令节，内外饽饽房都连夜赶制应节饽饽。正月十五的元宵、立春日的春饼、二月初一的太阳鸡糕、端阳节的粽子、七夕节的巧果、中秋节的月饼、重阳节的花糕……用量也很可观。

清宫帝、后日常饮食，早、晚两次正膳，正膳后还有两次"克食"（小吃或酒膳），都以饽饽为主食。以皇帝正膳为例，每膳由3张八仙桌拼成长膳桌，膳桌摆24道菜肴外，还另设跟桌、饽饽桌二张。如乾隆三十年（1765年）十二月二十四日早膳，跟桌饽饽摆热饽饽15盘、鸡蛋饽饽15盘、炉食饽饽15盘、碟饽饽15盘、蓼花15盘。这天晚膳，跟桌饽饽又摆出澄沙饽饽15盘、豌豆饽饽15盘、奶子饽饽15盘、山药饽饽15盘、到口酥15盘。两正膳之外的"克食"是松仁奶皮、温达奶饼、烤祭神糕、象棋眼小馍首。其用量之多，数量之大是很惊人的。其实皇帝本人吃不了几个，不过是显示一下一国之主的威风罢了。即使是外出巡视，皇帝的饮食排场也丝毫不能马虎。乾隆三十一年（1766年）九月一日，乾隆帝、皇太后、皇后一行在木兰围场。随行的大批人马中，御膳房是一支庞大的队伍，每日饮食饽饽肴馔十分丰盛。但清宫内仍三天一次派果报驰送食品。九月九日是传统的重阳节，自九月三日起就向皇帝、皇太后、皇后等人送花糕及炉食饽饽。如档案中记载："令妃、愉妃恭进皇太后鸡蛋松仁馅花糕八块、猪油澄沙馅花糕八块、奶酥油果馅花糕八块、奶酥油枣馅花糕八块。共装一柳条箱。"同时恭进皇帝的花糕数量是皇太后的一倍，装了两柳条箱。恭进皇后的花糕同皇太后，也是一柳条箱。3天后，令妃、愉妃又恭进皇太后炉食饽饽一柳条箱，皇后同皇太后，皇帝两柳条箱。直到进了重阳节，恭进花糕停止，恭进饽饽仍旧如前。从这些记载不难看出，满族食俗在清宫饮食生活中占有举足轻重的地位。

然而，清宫饽饽并非满洲饽饽。清宫饽饽是满族传统食品与汉族传统饮食相互融合的结果，是清代皇帝大一统王朝的象征。清皇室入关后，随着政治上的不断巩固，国家经济繁荣，文化日益发达，清宫饮食资源逐渐扩大。就说制饽饽的主料面粉吧，原来只靠清代发祥地——东北所产的小麦。到清乾隆时期，宫中面类则依赖于黄河流域产麦区贡进，如河南的贡麦、陕西宝鸡的玉石麦、山西潞城的面粉。上述地区土地肥沃，物产丰富，种植小麦有着悠久的历史。再说饽饽馅心，更是用料广泛，有糖馅、澄沙馅、椒盐馅、果料馅、甜酱馅、枣泥馅。其中果料馅就由蜜南枣、蜜瓜条、蜜山楂、蜜桂花、桃脯、苹果脯、桂圆、橘饼、青梅、花生仁、松子仁、榛子仁等10多种南北特产配制而成。更重要的是清宫使用的厨役打破了地域和民族的局限性，烹调与制作技术不断推陈出新，变换花样。如乾隆年间曾招苏州、杭州等江南厨役进宫。苏州厨役张东官就擅长制作面类食品，清宫档案中曾多次记载乾隆帝重赏张东官，说他"尽心效力"，所做南北风味结合肴馔深为帝、后所赏识。《御茶膳房》档案中还有新疆食品称回子饽饽:"托噶赤、喀克察、察勒巴、桑子、馕"。所以说,清宫饽饽是在吸收和融汇了各地区、各民族饮食精华而发展起来的,同时又突出清代皇帝作为少数民族统治全国"王天下,食天下"的大一统思想。满族传统饽饽萨其玛,原来以冰糖、奶油和面,制成形如糯米似的小粒,用不灰木烘炉烤熟,切成方块而成。而清宫的萨其玛在制作上吸取了江南糕点讲究花样的特点,在生制面坯时改为搓条较长并使之互相搭配的做法,使之成型后留有自然空隙的造型;另在冰糖、蜂蜜和面时放上适量的桂花和北京果料——京糕、青梅、瓜子仁、葡萄干等作点缀,使其从内质到外形趋于完美,成为色、香、味俱佳的清宫饽饽。满族旧俗,农历五月用椴木饽饽祭神,祭神之后全家分食,馈赠亲友。椴木是生长在东北的密质树木,春季发芽,至五月叶大如掌。满族人用黏黄米和小豆泥,外面用两张椴木叶包裹上锅蒸熟,米香、椴木叶香混在一起,近似于江南地区的江米粽子。清皇室入关后,一改食椴木饽饽的习俗,就连祭祀供品也用上江米粽子。随着满族入关日久,满族饽饽的名称也逐渐汉化。下面特选几例清宫饽饽的满汉名称对照:他尔荤额芬——肥饽饽;吐尔哈额芬——瘦饽饽;塞飞额芬——匙子饽饽;都必色——豆册糕;鸣夫呼额芬——软饽饽;孙尼额芬——奶子饽饽;论煜额芬——甜奶子饽饽；胡勒克——枣馅白面饼；他士马——黄米面饼；出苦额芬——黄米面糕；胡说饼——澄沙馅白面饼；朱克额芬——冰饽饽；交塞额芬——黄米面饺子；讷克林说饼——松仁果饼；尼士哈额芬——鱼饽饽；朱喝额芬——江米面糕；佛思根——撒糕；塞食额芬——剪子股饽饽；纯克里额芬——雅饽饽；塞思哈里额芬——俗饽饽；乌母汉哈克桑额芬——鸡蛋薄脆；乌楚博楚哈古桑阿额芬——葡萄薄脆；马浪乌哈哈克桑阿额芬——芝麻薄脆。

清宫饽饽用料精细、制作讲究，在外形装饰上更是花样繁多，寓意吉祥。使人未食到口，先得到美的享受。故宫珍藏着一大批饽饽木模，为我们了解清宫饽饽的制作造型提供了第一手资料。

饽饽木模以硬木雕刻，多成方形、圆形、椭圆形、棱形、倭角方形、方盛形（双棱互套），纹饰凹刻，内深2-3厘米，壁刻花边。图案多为福、寿题材：如五只蝙蝠组成一圆形，中心是一篆体“寿”字，称作“五蝠捧寿”。又如一桃、一石榴、一佛手呈“品”字形，三蒂合一用两片桃叶左右交叉互掩，叫作“福、寿三多”——桃象征长寿、石榴象征子孙昌盛、佛手谐音“福寿”——即多福多寿多男子。再如木模呈圆形，内刻一大一小两只瓜，环绕两瓜周围刻着缠绵不断的瓜藤瓜蔓，名为“瓜瓞（dié）

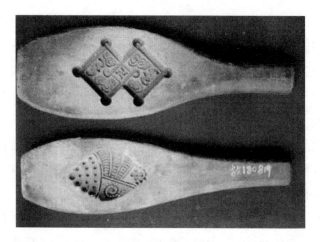

饽饽木模

绵绵"。瓜初生时小，而后乃盛大。小瓜称为瓞，瓜藤蔓连绵，象征家族兴盛、福寿长绵。像这种用谐音方式以物寓意的图案很多，花瓶内插如意，旁边有一柿子谐如意平安、事事如意。梅花鹿衔灵芝谐"禄位亨通"。两条金鱼首尾相引呈圆形，谐"金玉满堂"，一鹭鸶和牡丹谐"一路荣华""一路富贵"，一圆形钱眼内雕一"福"字谐"福在眼前"，一鹤一鹿谐"鹤鹿同春"……

　　皇帝自谕天的儿子、神的化身，是凌驾于千万人之上的人神结合体。他的衣、食、住、行都体现富贵、吉祥，他的一举一动都祈盼祥和、平安，每日食用的美味佳肴自然也要突出幸福、长寿的特色。龙是古代传说中的神异动物，帝王的象征。清宫饽饽木模中亦以龙纹作图案的较多。有一正面龙和双喜字的，有两龙拱一火珠的，有一龙一凤的，有一龙两凤的，还有群龙环绕作边栏的。这些龙的形状不一，有行龙、有正龙、有团龙、有升龙、有降龙。从清宫旧藏《御茶膳房》档案中得知，这些带龙纹图案的饽饽，都是皇帝专用的。皇后、妃嫔用的饽饽图案则为牡丹、凤凰、龙凤呈祥。此外，带有福、寿图案的饽饽更是帝、后日常用品。

清宫饽饽木模中还有一批用于时令节日图案的。如立春日用的"春"字木模、端阳节用的五毒木模、中秋节用的月饼木模、重阳节用的菊花木模及过年时用的银锭、金钱木模等。这类木模大小不等，小的直径10厘米至15厘米，大的直径达80厘米。太阳鸡糕木模是用于二月初一中和节时做太阳糕供太阳星君的应节饽饽，每年这一天，清代皇帝要穿礼服披褂、銮舆仪仗前往日坛祭日。宫中用米面加馅心蒸太阳糕供在祭日的供桌上。太阳糕木模为圆形，正中一只金鸡，鸡头上刻一"日"字。太阳糕木模一套7件，由小至大依次排列。一套太阳糕重68斤8两，用鸡蛋78个、蜂蜜10斤、白糖5斤。中秋节祭月的月饼也是成套的。据清宫档案记载，清宫祭月供桌上的月饼由小至大摆成塔形，顶尖的月饼直径2寸，最下面的大月饼直径2尺（约70厘米）。大月饼用面10斤，小月饼用面2两

5钱。清宫珍藏的饽饽木模使上述档案记载得到佐证。月饼木模一套8件，呈圆形。内刻广寒宫殿、桂树和持杵玉兔。工匠运用阴阳雕刻手法，将图案刻画得形象逼真。无论是大月饼模，还是小月饼模，都刀法纯熟，深浅一致，打磨得十分光滑。可以想象，用这套木模制出来的月饼，只是大小不同，其纹饰和图案一模一样。月饼又称作团圆饼。清宫御茶膳房要用两套月饼祭月。中秋节晚上，祭月之后，小月饼由皇帝赏赐宫内每人一份，两只大月饼切开一只，切成数十块，按身份、等级分食。另一只用红绸包起来，放到阴凉通风处，等到过年的三十晚上再切开分食，取"团圆"之意。

在众多的饽饽模中，还有一种立体的木模。这是由两块中心凹刻的模板，左右一合，成一个立体饽饽。如立寿桃，桃尖在上，桃蒂在下，壁面刻有寿字图案。将面坯制成与木模容积大小合适的面团，放在木模里挤合，即可成为活灵活现的大寿桃。这类木模是专为帝、后生日制寿桃用的。比如在乾隆帝之母——崇庆皇太后73岁生日之时，为了表达对母亲的孝心，乾隆帝特下谕旨，叫御茶膳房制作9盒大寿桃，取九九如意吉祥语。9盒寿桃用面粉180斤，还用粳米面、高粱米面、红豆面、黑芝麻、青豆面及飞金、食色在寿桃表面装饰图案，类似今天的妆花蛋糕。尽管在色彩上不如现在鲜艳，但在当时的制作工艺中也算得上"佳作"了。

到清晚期，又出现了多种馅心、多种形状、多种用途的宫廷饽饽。慈禧晚年，常在腊月二十八、二十九这两天，传谕王府女眷到宫内蒸饽饽。大家动手揉发面团，制成圆圆的饽饽，上锅蒸熟后，由慈禧亲自评定。谁蒸的饽饽隆得高，发得好，便预示着谁在新的一年中大吉大利大发财。可是众人为了讨好慈禧，故意做得很差，以显示慈禧一人吉利。同治晚期，皇帝载淳病情严重。宫廷中曾在养心殿摆供，用饽饽冲喜。档案中记载，冲喜供摆的全是带"红"或"喜"的饽饽——红喜字酥饼、红绫饼、红太史饼、红鼓盖饼、红双喜方饼、红团寿饼、红龙凤饼。但是，载淳病入膏肓，医药都救不了他的命，清宫饽饽又有何用呢？

由满洲饽饽发展起来的清宫饽饽是清代宫廷饮食的主要组成部分，也是衡量一代宫廷饮食生活特色的重要依据。

10. 蜜饯

提起清代宫廷食品，人们都会想到满汉全席、烤乳猪、栗子面窝窝头、萨其玛、艾窝窝等，对于清宫蜜饯食品却很少有人说及。其实，清宫蜜饯与清宫各种饮食一样，也是清宫节日大宴、祭祀供品和帝后日常膳食中的重要组成部分，在清代宫廷饮食文化中占有一席之地。

果品是人类最早用来果腹的食物之一。人类认识果树的历史也十分悠久。早在《诗经》中即有"摽有梅，其实七兮""桃之夭夭，有蒉其实""丘中有李，彼留之子"等记载。随着果品生产的发展，贮藏与加工技术也不断得到提高。将剩余鲜果加工成果干，用糖液腌渍成蜜饯，充分反映了我国古代劳动人民的聪明与智慧。我国周代就有了"以时敛而藏之"的记载。汉唐时期，蜜饯果脯以其味道鲜美、制作复杂而成为豪贵之家的"上品"。到了清代，蜜饯食品逐渐增多，花色品种日益丰富，尤以清宫蜜饯更誉之为冠。清宫蜜饯食品的形成和发展与清代满族人的生活习性有关。

蜜制食品是满族人传统的饮食之一。满族先祖建州女真人世代居住在美丽富饶的长白山区。那里山清水秀、花果满山，是北方植物、动物赖以生存的理想天地，更是满族先祖农耕、养蜂产蜜的好地方。他们除向当时的明朝纳"蜜贡"外，还将蜂蜜和水果加工成蜜饯果脯。加之长期生活在寒冷的地区，甜食会增加抗寒力，这一生活习性便成为满族祖先共同的饮食观。

1644年清皇室入关后即开始了长达两百多年的统治

生涯。随着满族人的大量入关，他们将本民族的文化也带到关内，其中包括了饮食爱好和习惯。清入关之初，百业待兴。清宫廷的经济来源仍以皇帝故乡的物产为主要内容，如鹿肉、狍肉、鲟鱼、人参、凤梨、杨梅、葡萄、蔷薇等。专司养蜂采蜜的"蜜户"，也要定期定量向官中贡进蜂蜜。优越的自然条件也使得食蜜饯这一饮食习惯得以保留下来。随着清政权的逐步巩固，清王朝成为全国权力的中心，全国各地争相把天下美味食品进贡皇宫。这样，皇帝饮食来源比起入关初期要广泛得多。如福建的荔枝、蜜萝柑、红黄柚、莲子，陕甘的哈密瓜、白兰瓜，长芦的苹果、圆果、木瓜，安徽的樱桃，甘肃的枸杞，浙江的芦柑、橘饼，山东的金丝枣、岗榴、柿霜，两广的红橙、香蕉、甜橙等水果都是宫中果房的常备食品。清宫内设有两个果房，一南一北。南果房收贮南方各地所产水果和果脯，北果房则收贮京畿附近和盛京所产干鲜果。据《养吉斋丛录》载："顺天、保定、河间、永平、广宁有三旗果园，盛京亦有三旗果园，又有近畿辅新果园，南苑果园，皆设园头。园丁所纳如桃、杏、榛子、蜜饯山里红、杜梨干、葡萄、枸柰子、野鸭接梨、西门城梨、干梨等，以果房人司其出纳。"宫中内膳房用这些鲜果加蜂蜜制出各种果脯、陈皮、膏、糕、干等，既便于贮存，又保留了满族入关前的饮食风格。

到了乾隆时期，清王朝政权的稳定带来了经济上的繁荣。出于统治阶级的需要和乾隆本人的兴趣爱好，他在执政期间频繁出巡。所到之处，品尝地方风味，饮食盛况空前。宫内果房贮存干鲜果品数量猛增，品种竟达到200多种。其中有膏、粉、脯、糕、蜜饯、片、酱、饼、陈皮等多种类别。仅蜜饯一类，就有蜜丁香、蜜佛手、蜜阑瓜、蜜金橘、蜜环梅、蜜琥珀、蜜藏杏、蜜藏枣、蜜生姜、蜜香圆、蜜蜡花、蜜瓜条、蜜枇杷、蜜玫瑰、蜜拐枣、蜜荔枝、蜜黄梨、蜜甘罗、蜜葡萄、蜜梨片、蜜洋菊、蜜洋桃、蜜番柑、蜜福圆、蜜八宝、蜜门冬、蜜花梅、蜜花红、蜜香荔、蜜蟠桃、蜜樱桃、蜜橄榄、蜜银杏、蜜脆枣、蜜脆梅、蜜青橙、蜜福橘、蜜荸荠（bí qí）、蜜秋果、蜜地黄、蜜肉果、蜜木瓜等43种。这些蜜饯食品一部分为各地的进贡品，另一部分则由内膳房承担制作。据嘉庆元年（1796年）档案记载，宫中每年制作蜜饯果脯用蜂蜜416斤8两，用糖457斤、绿豆粉一升、煤400斤、炭100斤。

宫中蜜饯食品，还是年节大宴桌上的礼仪陈设品。清宫定制：元旦、冬至、万寿为"三大节"，届时由皇帝主持筵宴，是所有节日中最隆重的宴席。皇帝、皇后分别有自己专用的宴桌。妃嫔、王公大臣、亲王、皇子都必须经皇帝钦点，才能入宴。宴席上要分冷膳、热膳、群膳、酒膳4个程序依次进行。其中奶四品、干果四品、鲜果四品、糕四品、蜜饯四品、果碗八品是4个程序中都不可少的食品。据乾隆二十一年（1756年）膳单载，这年除夕大宴的蜜饯四品是：蜜饯苹果、蜜饯杏脯、蜜饯金丝枣、桂花京糕。果碗八品是：松仁瓤荔枝、蜜饯绣球梅、松仁瓤红果、蜜饯枇杷果、青梅瓤海棠、蜜饯白樱桃、寿字荸荠、蜜饯红樱桃。

宫中年夜摆果桌、装果盒消夜，也需用大量蜜饯食品。除夕守岁是中国传统习俗，清宫内亦无例外。皇帝、皇后及妃嫔们居住的宫殿内都要提早摆起用糖果、蜜饯、果脯、鲜果等合拼的年节桌，点缀年节，供除夕晚消夜守岁。乾隆皇帝对这一活动十分重视。据史料记载，乾隆十四年（1749年）十二月二十三日，乾隆通过贴身太监传旨："茶膳房侍候摆消夜果。"在皇帝居住的养心殿内用52样饽饽、52样蜜饯干果摆起了26个不同造型的花鸟图案、各冠以吉祥名称的花鸟图形。乾隆帝亲自看过后不满意，于二十七日又传谕旨："养心殿摆的珠宝盒（消夜果）不如重华宫摆得好。尔等明日将养心殿珠宝盒撤去，亦照重华宫一样摆。"嘉庆年间，蜜饯食品又成了皇帝年节赏赐后妃的礼物。如嘉庆八年（1803年）除夕前传谕："每年元旦、正月十五，赏赐后妃每人一付果盒。"果盒内装香荔枝干2斤、白枣干2斤、文水葡萄干2斤、南枣3斤、建莲3斤、柿霜6匣。此外，蜜饯还是清宫内大小佛堂、家庙祖供前四季常备的供品。由此可以看出，蜜饯食品在清代宫廷中已成为饮食文化中重要的一支，它可独自成体，又可与其他食品配伍，相得益彰。

清代中期，各地贡物投皇帝所爱，将各地蜜饯贡到宫中。这使蜜饯果脯也经历到南北融合、中外合璧的过程，如"公非多果、槟榔膏、香茶丸和法制百合、西洋香糖粒、西洋舌香、法制陈皮、吕宋柑子蜜"等，但宫内仍以自制蜜饯为主。道光十年（1830年），御茶膳房一次就做得苹果干80斤、甜果干50斤、杏干47斤、圆果干30斤、红樱桃干5斤、香瓜干20斤、杏糊条30斤、圆果糊条30斤、蜜红樱桃3斤、蜜红瓜饯10斤、蜜花红4斤、桃干60斤、香圆干40斤、李子干25斤、花红干10斤、白樱桃干5斤、琥珀脯10斤、樱桃糊条30斤、葡萄糊条30斤、蜜白樱桃3斤、蜜饯白瓜10斤。

清代末期，清宫蜜饯食品传至民间，与民间小吃互相借鉴，各地风味食品之间的交流和渗透，以及人们对蜜饯食品的要求不断产生变化，北京蜜饯果脯成为当地特产风味之一。但是客观上来说，北京蜜饯并非源于清宫，然而清宫蜜饯确实促进了北京蜜饯食品的发展。时至今日，北京蜜饯名扬四海，不能忽视清代宫廷蜜饯食品的历史作用。

三

宫廷筵宴

在历代宫廷饮食生活中，宫廷筵宴是统治者饮宴的最高方式。

自周代周公旦制礼作乐，为宫廷筵宴制定出一整套礼乐制度后，宫廷筵宴便纳入国家礼仪制度中。筵宴场面隆重、庄严，既有钟鼓设列，又有设定的礼数和看馔。最高统治者在鼓乐中升座、离座，又在千杯万盏中饮酒进馔，整个筵宴在十分和谐的气氛中进行着。觥筹交错之中，统治者既体现出内睦九族、外尊贤德的体恤安抚，又达到了沟通上下关系、维系统治秩序的政治目的。因此，历代统治者对筵宴十分重视，并根据历代宫廷的不同特点演变出许多类别的宫廷筵宴活动。

虽然宫廷筵宴的内涵并不在于看馔本身如何精美，但宫廷筵宴饮食绝非民间可比。为了显示统治者至高无上的权力，筵宴所用美器非金银，即宝玉，筵宴食品精工细做、寓意吉祥。仅以宫廷筵宴食单的品数而言，随着社会的不断发展，由简而繁，又由繁而简。商代筵宴，用牛的头数确定等级。如天子筵宴用"会"（即一会等于三太牢，以牛、羊、猪并用一组为"太牢"）。到周天子时，"天子之豆二十有六"。战国时屈原在《招魂》中所列食单共有两主食、两点心、10种菜肴。唐代宫廷筵宴很多，肴馔异常丰富。韦巨源《烧尾食单》的珍奇品种，仅仅是献给唐中宗吃的一次就达58种。宋代清河王张俊因宋高宗"幸第"而供奉的御宴从"绣花高饤"（供陈设食品）到五盏"下酒"（每盏两件菜肴），从"插食"到"对食"共有250种肴馔。清代宫廷筵宴是历史的集大成者。各种筵宴名目繁多，有节令宴、寿日宴、大婚宴、凯旋宴、庆功宴、家宴。特别是康熙、乾隆两朝时举行的"千叟宴"及乾隆朝"茶宴"都体现了清宫筵宴中浓郁的封建文化特色和全国各地饮食风味集萃、满汉民族饮食习惯异彩纷呈的汇集融合现象。

1. 唐代曲江宴

曲江宴，是唐代宫廷在长安城东南的曲江园林举行的盛大游宴活动。这种游宴，皇帝亲自参加，与宴者也经皇帝"钦点"。宴席间，皇帝、王公大臣及与宴者一边观赏曲江边的天光水色，一边品尝宫廷御宴美味佳肴。这种游宴既是唐代统治者对于升平盛世的炫耀，又是封建帝王惯用的对臣下联络感情的手段。

曲江游宴种类繁多，情趣各异。据历史记载，每年春秋两季就有上巳节游宴、新进士游宴、中和节游宴、重九节游宴等等。其中以上巳节游宴最隆重，在历史上的影响最深。《秦中岁时记》中曾载："唐上巳日，赐宴曲江，都人于江头禊（xì）饮，践踏百草。"上巳日禊饮水边，是我国古老的民间风俗。当春暖花开时，到水边春游兼游泳，呼吸新鲜空气，清除严冬时的污秽，是很惬意的事。从汉代起，皇室贵族带头举行这种活动，使单纯的游春活动变成临水除灾求福的"禊祓（fú）"。自此以后，历代流传，一直不衰。唐代贵族十分重视这个节日，并在传统的游春中加入了饮宴内容，使"禊祓"变成"禊饮"。唐代，上自皇帝下至庶民都可以在曲江边举行"禊饮"，可谓倾城而出。唐代诗人杜甫的"三月三日天气新，长安水边多丽人"的诗句和画家张萱《虢国夫人游春图》等都是当时生活真实的写照。

唐代曲江园林原是秦汉时的皇家上林苑的一部分。因苑中水域曲折多姿而得"曲江"名。隋文帝时，在长安兴建新都大兴城，又将这里辟成皇家园林。唐代初年，朝廷多在这里赐宴百僚，举行游春踏青活动。唐开元初年，青春正盛的唐玄宗豪奢极欲，为了达到"人生得意须尽欢"的享乐，不惜财力、人力，大规模地修葺营造曲江园林。挖掘池区，扩大水域，添建彩舟，遍植树木、花卉。在曲江池西辟建杏园，在曲江池南增盖专供帝、后、贵妃等登临观景的紫云楼、彩霞亭。还在曲江池周围建立了星罗棋布的亭台阁榭，使碧波荡漾的曲江池增添了豪华、富贵的气氛。每到上巳节，唐玄宗偕宫中女眷亲临曲江，赐宴群臣。与宴官员上自宰相、皇亲国戚，下至京城县令及有官职的文武官员，皆可携妻妾、带子女参加。皇帝与宫眷的酒宴设在紫云楼上正中；皇亲国戚的酒宴设在紫云楼两边；宰相、大臣及各级官员的酒馔分别设在紫云楼下、曲江池周围的亭台阁榭之中，或选花卉美丽的地方，支盖绣帷幕帐；翰林文人的酒馔则经皇帝特许设在油漆彩绘的舟船中。他们一边饮酒，一边赏观湖光山色、吟咏诗句。筵宴座次的设置，犹如众星捧月般围绕紫云楼，这是皇帝显示尊贵与威严，也是封建官吏奉迎权贵的集中体现。

筵宴席间，紫云楼上"紫驼之峰出翠釜，水精之盘行素鳞。犀箸厌饫（yù）久未下，鸾刀缕切空纷纶。黄门飞鞚（kòng）不动尘，御厨络绎送八珍"。唐代大诗人杜甫的诗句就是唐代帝王奢华筵席的写照。诗中提到另一种馔肴"素鳞"，是指隋唐以来名噪一时的脍品之一，以洁白鲜嫩的鱼肉为主料，技艺高超的厨师把鱼肉切成细丝为脍，然后调入调料拌之而成。吃到口中味极鲜美，别有一番情趣。皇室贵族享受的宫廷御宴，王公百官是不敢问津的。即使是皇帝赐宴，也是有着明显的等级区别，皇帝御食由宫廷御厨供膳。其他官员的酒馔，有的由诸司衙府制办，大部分由京兆府代替朝廷制办，其费用，也分别从诸司和京兆府库中开支。他们所用食品，虽不及皇帝筵席高贵，也力求海陆杂陈，集京城名馔佳肴之精华：光明虾炙、龙凤胎、五生盘、野猪鲊、葫芦鸡、红虬脯……

曲江游宴，各行各业前来助兴。皇家梨园子弟，左右教坊的乐舞人员纷纷前来曲江表演献艺。商贾们也把珠宝珍玩、奇货异物陈列出来供人们观赏。尤其是各级官员自备的许多市间菜肴、花式糕饼，或原料配制考究，或花色造型猎奇，或味道制作创新。各家都将新颖、奇特的各种食品呈现在曲江边，无疑促进了宫廷、官府、民间饮食的互相交流，大大丰富了饮食品种，对唐代社会饮食文化的发展起到了一定的促进作用。

2. 唐代烧尾宴

唐代烧尾宴是贵族筵宴的另一种形式。所谓烧尾宴，据《封氏闻见录》云，士人初登第或升了官级，同僚、朋友及亲友前来祝贺，主人要准备丰盛的酒馔和乐舞款待来宾，名为烧尾，并把这类筵宴称为烧尾宴。唐代，最有名的烧尾宴却是自中宗朝"大臣初拜官，例许献食，名为'烧尾'"，取其神龙烧尾，直上青云之意。实际上是指朝官荣升，宴请皇帝以谢邀宠之举。

据史料记载，唐中宗（705—710年）时，韦巨源于景龙年间官拜尚书令，便在自己的家中设"烧尾宴"请唐中宗。这次宴会上美味罗列、佳肴重叠。其中有58款肴馔流存于世，成为唐代负有盛名的"食单"之一。这58种食品有主食，有羹汤，有山珍海味，也有家禽飞禽。其具体馔肴分别是——主食有：单笼金乳酥、曼陀样夹饼、巨胜奴、贵妃红、婆罗门轻高面、御黄王母饭、七返膏、火焰盏口馓、水晶龙凤饼、双拌方破饼、玉露团、汉宫棋、天花饆饠、赐绯含香粽子、八方寒食饼、素蒸音声部、生进二十四气馄饨。羹汤有：冷蟾儿羹、长生粥、卵羹、汤浴绣丸、生进鸭花汤饼。山珍海味与禽类是：金铃炙、光明虾炙、通花软牛肠、同心生结脯、见风消、唐安餤、金银夹花平截、甜雪、白龙臛、金粟平馓、凤凰胎、羊皮花丝、逡巡酱、乳酿鱼、丁子香淋脍、水炼犊、吴兴连带、西红料、红羊枝杖、升平炙、八仙盘、雪婴儿、小天酥、分装蒸腊熊、清凉臛（huò）脍、暖寒花酿酢蒸、五生盘、格食、过门香、红罗钉、缠花云梦肉、遍地锦装鳖、蕃体间缕宝相肝、葱醋鸡、仙人脔（luán）、箸头春。

3. 宋代寿宴

宋代宫廷"饮食衎（kàn）衎、燔炙纷纷"，宫廷筵宴更是有美皆备，无丽不珍。曾在北宋宫廷中任教坊使、水都使，后任户部、吏部、工部侍郎的孟揆（孟元老）目睹了宋徽宗时天宁节百官入宫上寿的礼仪风尚与豪华饮食，在《东京梦华录》一书中作了详细的记叙。

天宁节寿宴日，亲王宗室，王公大臣及辽、高丽（朝鲜）等使臣纷纷入宫庆贺。筵宴设在宫内集英殿。皇帝宴桌在集英殿楼上，诸文武百官、诸国中节使臣分坐殿旁两廊。筵宴桌上摆有环饼、油饼、枣塔及各色干鲜果品作看食；并依不同的民族习惯，摆出特色食品，如在辽使宴桌上还加摆猪、羊、鸡、鹅、兔等肉类食品作看食。

筵宴在优美的舞乐中开始，两杯御酒之后，随进御酒，更换舞乐，传送佳馔。到第三杯酒时，百戏入场，并送下酒肉、咸豉、爆肉、双下驼峰角子。接着，每进一次酒，要更换舞曲和饮食。第四杯酒，更换大舞曲，送炙子骨头、索粉、白肉胡饼。第五杯酒，琵琶独奏，群舞合唱，送群仙炙、天花饼、太平饸饹、乾饭、缕肉羹、莲花肉饼。第六杯酒，表演球艺，"胜者赐以银碗锦彩……不胜者毯头吃鞭"；送酒馔：假鼋鱼、蜜浮酥捺花。第七杯酒，400名"容艳过人"的妙龄少女表演采莲舞；送酒馔：

排吹羊胡饼、炙金肠。第八杯酒，独唱踏歌；送酒馔：假沙鱼、独下馒头、肚羹。第九杯酒，百人旋舞，乐曲达到高潮；送水饭、簇（cù）饤下饭。皇帝起驾还宫，百官骑骏而归，寿宴到此结束。

宋王室南迁后，北方宫廷的饮食生活也带到临安（今杭州），在鱼米之乡的物质基础上，保持和发扬了宫廷饮食礼仪和南北兼容的饮食特色。

4. 清代宫廷家宴（附清宫膳单）

清王朝是我国最后一个封建王朝。封建制度下的政治、经济发展促进了饮食文化的繁荣。在皇权高度集中的统治下，各种维护封建统治的典章礼仪制度严谨完备。清代宫廷筵宴礼仪理所当然地突出皇帝的尊严，带有浓重的封建色彩。

清代初年，宴无定制。后妃、皇子、亲王、郡王及文武廷臣一经皇帝"钦定"，即可入宴。康熙年间，清代宫廷增设专门管理饮膳的机构和人员，不仅对皇帝饮膳、筵宴设立专档，还将重要的筵宴定为制度，如除夕、元旦、上元、端阳、七夕、中秋、重阳、冬至、万寿、大婚等宴载入《大清会典》，编入《大清通礼》，列为法定宴日，对与宴进酒事宜也都有专门记载。但是，无论哪种筵宴，都明确突出皇帝的至尊地位，进馔、进茶、进酒，都以皇帝为先，繁缛礼仪贯穿筵宴始终。我们仅取乾隆年间节日膳单为例，以便于对清宫筵宴礼仪的理解。

家宴。除夕、元旦是皇帝家宴的日子。除夕晚，是传统的团圆日。身居清宫，皇帝也与常人一样，在内庭最大的宫殿——乾清宫设摆筵席，皇后、贵妃及妃嫔等人侍皇帝宴。乾隆二年（1737年）十二月三十日除夕，是乾隆继位以来首次筵宴。自下午两点开始设摆宴席。乾清宫正中地平南向面北摆皇帝金龙大宴桌，从里向外摆8路肴馔，头路正中摆四座松棚果罩（内盛鲜果），两边各安花瓶一对，中间高头5品（5寸金龙高足盘），二路一字高头9品，三路圆肩高头9品，四路红雕漆果盒两副，果盒两边各摆苏糕、鲍螺4品（金龙小座碗）、果钟8品。5路至8路摆群膳、冷膳、热膳40品（俱用5寸黄盘）。靠近皇帝宝座处正中摆金匙、象牙筷（外套纸花筷套）；左边摆干湿点心4品、奶饼敖尔布哈一品、奶皮子一品（5寸黄盘）；右边摆酱两样一品、酱小菜一品、水贝瓮菜一品、青酱一品（俱用金碟）。皇帝金龙大宴桌左侧（地平上）面西坐东摆皇后金龙宴桌。桌上摆花瓶、高头7品（头号金龙座碗）、群膳32品（白里黄碗），两边干湿点心4品。乾清宫地平下，东西向一字排开设摆内廷主位宴桌。西边头桌贵妃，二桌纯妃，三桌海贵人、裕常在；东边二桌娴妃，三桌嘉妃、陈贵人。另设陪宴若干桌。当时皇帝刚刚继位，后妃等人都是原来弘历当皇子时的福晋、侧福晋，人数不多（到乾隆中期，情况就大不相同了）。乾清宫地平下各桌，各摆群膳15品，用份位碗摆出绿龙黄碗3桌，白里酱色碗一桌，里外酱色碗一桌。

下午3点半左右，乾清宫两廊下奏中和韶乐，乾隆帝弘历御殿升座。乐止，后妃入座，筵宴开始。先进热膳。先送皇帝汤膳一对盒，左一盒粳米膳一品，酸奶子一品，右一盒卧蛋粉汤一品，野鸡汤一品。接着送皇后汤饭一对盒，左一盒粳米饭一品，右一盒粉汤一品。最后送地平下内廷主位汤饭一盒。各用份位碗。再进奶茶。后妃侍皇帝宴，由太监总管向皇帝进奶茶。总管太监李英向皇帝跪献奶茶，皇帝饮后，才送皇后奶茶及内廷主位奶茶。第三进酒馔。皇帝酒馔40品，摆成5路，每路8品，主要是关东鹅、野猪肉、鹿肉、羊肉、鱼、野鸡、狍肉、肘子等制成的菜肴及蜜饯、水果等。皇后酒宴32品，荤菜16品，果子16品。内廷主位酒宴15品，荤菜7品，果子8品。总管太监跪进"万岁爷酒"，皇帝饮尽后，就送皇后酒，妃嫔等位酒。最后进果桌。先呈进皇帝，再送皇后、妃嫔等。

筵宴毕，皇帝离座，乐起，后妃出座跪送皇帝还宫后，才能各回住处。

元旦日下午，乾清宫设摆宗亲宴，是皇子、亲王侍皇帝的又一次家宴。皇帝宴桌一如除夕家宴设摆在乾清宫地平正中。地平下东西向设摆亲王、皇子宴桌。筵宴饮食与除夕家宴同。西边头桌宴：康亲王，庄亲王；二桌宴：平郡王、额驸策凌；三桌宴：愉郡王、贝勒允祁；四桌宴：贝子弘普，果恭郡王弘瞻。东边头桌：显亲王、怡亲王；二桌：裕亲王、履亲王；三桌：诚亲王、和亲王；四桌：恒亲王、淳亲王；五桌：宁郡王、贝勒允祐。

筵宴程序，一如除夕家宴，依进汤膳、奶茶、酒馔、果桌顺序进行。所不同的是，向皇帝进奶茶、进酒的全由亲王跪进（进酒亲王由皇帝亲自钦点）。档案记载这次宗亲宴进酒的仪式是，"太监王成执镲（sù，即酒壶），李英请酒。至殿中（乾清宫）跪至庄亲王（皇帝叔父）座位前。庄亲王离座，跪接酒镲起身，从地平中阶上至万岁爷（乾隆）宝座前右跪，请万岁爷进酒。庄亲王起身，从地平西阶下，至殿中（原接酒处）跪，朝万岁爷一叩首。与宴亲王、皇子俱离座，面向皇帝叩首。视万岁爷进酒。万岁爷进酒毕，庄亲王起，从地平西阶上，至万岁爷宝座前右跪接酒杯。从地平中阶退下，至殿中原处跪，太监李英跪接酒杯至殿外。庄亲王入座，太监等即送亲王、皇子酒。"

宫廷筵宴的宴席也有着严格的等级制度。就宴席本意而言，古人为着某种目的，精心编排一套食谱。而清代宫廷筵宴食谱不仅有等级区别，还有鲜明的民族特色，即宫廷筵宴有满、汉席之分。据《大清会典·光禄寺则例》记载，满席分为6等，汉席分为3等，分别用于不同筵宴内容。

满席自一等至六等。一等席一般用于皇帝、皇后死后随筵：用面定额120斤，席上有玉露霜、方酥夹馅各4盘，白蜜印子、鸡蛋印子各1盘，黄、白点子松饼各2盘，合图状大饽饽6盘，小饽饽两盘，红、白馓子3盘，干果12盘，鲜果6盘，砖盐1碟，其陈设计高45厘米；每桌银价8两。二等席一般用于皇贵妃死后随筵：用面定额100斤，席上有玉露霜2盘，绿印子、鸡蛋印子各1盘，方酥翻馅饼4盘，白蜜印子、黄白点子松饼各2盘，饽饽以下与一等席同；其陈设计高42厘米，每桌银价7两2钱3分4厘。三等席一般用于贵妃、妃、嫔死后随筵：用面定额亦为100斤，席上无黄、白点子松饼，另有四色子4盘，福禄马4盘，鸳鸯瓜子4盘，其他与一等席同；其陈设计高39厘米；每桌银价5两4钱4分。四等席主要用于元旦、万寿节、皇帝大婚、大军凯旋、公主或郡主成婚等盛宴以及贵人死后的随筵等：用面定额60斤，方酥以下，大体与三等席同；其陈设计高39厘米；每桌银价4两4钱4分。五等席用于赐宴朝鲜进贡的正副使臣，西藏达赖喇嘛和班禅额尔德尼的贡使、除夕赐下嫁外藩的公主及蒙古王公、台吉等的馔宴：用面定额40斤，方酥以下，大体与四等席同；其陈设计高33厘米；每桌银价3两3钱3分。六等席用于赐宴经筵讲书，衍圣公来朝，越南、琉球、暹罗（今泰国）、缅甸、苏禄（今菲律宾的苏禄群岛）、南掌（今老挝）等国来朝进贡的使臣：用面定额20斤，无方酥夹馅、四色印子、鸡蛋印子，余与五等席同；其陈设计高30厘米，每桌银价2两2钱6分。

汉席自一等至三等，主要用于临雍宴、文武会试考官出闱宴、实录、会典等书开馆编纂日及告成日赐宴等。《钦定大清会典》卷七十三载汉席定制如下：一等席：肉馔鹅、鱼、鸡、鸭、猪肉等23碗，果食8碗、蒸食2碗、蔬食4碗。二等席：肉馔20碗，不用鹅，果食以下与一等席同。三等席：肉馔15碗，不用鹅鸭，果食以下与二等席同。此外尚有上席与中席。上席，高桌陈设宝装一座，用面2斤8两，宝装花一攒，肉馔9碗、果食5盘、蒸食7盘、蔬菜4碟；矮桌陈设宝装一座，用面2斤，绢花3朵，肉馔以下与上席高桌同。

清代初期的宫廷筵宴中，满席、汉席不同时进行。随着清王朝在政治上的巩固及满族皇室入关日久，满、汉民族融合使民族饮食逐渐淡化，虽然满、汉席有严格的定制，但两个民族互相借鉴、学习，使宫廷筵宴在关东原材料基础上推出了满、汉兼容的肴馔，由此揭开了宫廷御膳的序幕。下面特选几件清帝御膳膳单，从中可以看出清宫饮食的特色。

乾隆三十年（1765年）正月十六日，清帝在养心殿东暖阁进早膳，用填漆花膳桌摆：燕窝红白鸭子南鲜热锅一品、酒炖肉炖豆腐一品（五福珐琅碗）、清蒸鸭子糊猪肉鹿尾攒盘一品、竹节卷小馒首一品（黄盘）。舒妃、颖妃、愉妃、豫妃进菜4品，饽饽两品，珐琅葵花盒小菜一品，珐琅银碟小菜4品。随送面一品（系里边伺候）、老米水膳一品（汤膳碗五谷丰登珐琅碗金盅盖）。额食4桌：二号黄碗菜4品，羊肉丝一品（五福碗），奶子8品，共13品一桌，饽饽15品一桌，盘肉8品一桌，羊肉两方一桌。上进毕，赏舒妃等位祭神糕一品，盒子一品，包子一品，小饽饽一品，热锅一品，攒盒肉一品，菜三品。

乾隆四十二年（1777年）十二月二十九日（小进）是除夕，因皇太后殡天（四十二年正月二十三日），除夕、元旦家宴不举，改在养心殿明殿同妃嫔聚座进晚膳。

养心殿明殿进晚膳，用填漆花膳桌摆：葱椒关东鸭子热锅一品，燕窝口蘑锅烧鸭子一品（红潮水碗）。鹿筋苔蘑折鸡一品，托汤肥鸡一品，羊西尔占一品（此三品青玉碗）。后送燕窝糟笋片烩鸭子一品，蒸肥鸡鹿尾烧鹿肉攒盘一品，象眼小馒首一品，鸭子馅提折包子一品，年年糕一品（此三品珐琅盘）。珐琅葵花花盒小菜一品，珐琅碟小菜四品，醶肉一品（银碟），汤膳一品（三羊开泰珐琅碗，金盈盖）。

5. 清宫千叟宴

清代宫廷筵宴很多，有四时八节的节日宴，有皇帝、皇太后、皇后生日的万寿宴、千秋宴，也有皇子娶亲的婚庆宴。但是，清宫中最有名的却是规模最大，参加人数最多，举行次数最少，仅盛行于康熙、乾隆两朝的千叟宴。

千叟宴，顾名思义是年岁较大的老人参加的宫廷筵宴。据清代历史文献记载，康熙、乾隆两朝举行过4次千叟宴：康熙五十二年（1713年）三月首次举办千叟宴。康熙六十年（1721年）正月清宫举办第二次千叟宴。乾隆五十年（1785年）正月举办的是第三次千叟宴。乾隆六十年（1795年）归政后，于次年正月再度开千叟宴为第四次。这4次千叟宴，都是在国家政权稳固、经济殷实富足的大好形势下举办的。如康熙五十二年三月的千叟宴前夕，正值玄烨60整寿万寿庆典之时，用玄烨自己的话说，自己的年纪已经过了周甲春秋，掌握统治大权的年数超过了秦汉以来的所有帝王，此刻大清王朝"四海奠安、民生富庶"，各地百姓有感于君王的恩泽，一些年老的百姓纷纷从几十里、几百里的京畿，或几千里的外省自发前来祝寿。玄烨见到这种情形，深感民众的诚心。作为大清王朝的"圣明"帝王，不能让远道而来的众人空手而归。于是，在万寿庆典（三月十九日）的前一日特发谕旨，决定在北京西郊的畅春园宴赏"众叟"，宴后送归乡里。当然能够前来进京祝寿的老人，并非平民百姓，不外是些休致（退休）的汉族文武大臣中的各级官员，及在任的各省有品级官员等。这些人的年龄都在65岁以上，共有2800余人。

康熙首开千叟宴，其后几次规模越来越大，不仅参加筵宴的人数越来越多，由2000多人增至3000多人、5000多人。筵宴场面也越发豪华，其规模也越来越大。据史料记载，清宫千叟宴前数月，皇帝多次下达谕旨，令宫廷各衙门的官员和工匠为举行千叟宴做许多准备工作。为老叟们出入的宫门重新油饰一新，盛宴周围的殿宇房间布置得光彩照人。御膳房内增添了炊具、食具、饮具及膳桌、坐垫，连为老叟们端送膳品的夫役就雇用了156名。宫廷筵宴用的凉棚、宴席中的各种主副食品、酒等更是应有尽有，十分齐全。

筵宴当日，预先摆千叟宴桌。宴桌按入宴者老品位高低设摆一等桌张和次等桌张，筵宴盛器和肴馔也有明显的区别。乾隆五十年（1785年）正月六日清宫第三次千叟宴，乾清宫共摆宴800张。宴桌是这样安排的：乾清宫地平正中摆皇帝宴桌，殿内地平下和殿外两廊下摆王公和一、二品大臣，外国使臣一等桌张。一等桌张设摆膳品是：火锅两个（银、锡火锅各一个），猪肉片一盘，羊肉片一盘，鹿尾烧鹿肉一盘，煺羊肉乌叉一盘，荤菜四碗，蒸食寿意一盘，炉食寿意一盘，螺蛳盒小菜二盘，乌木箸两只，另备肉丝汤饭。次等桌张摆在丹墀甬路和丹墀以下，为三品至九品官员、蒙古台吉、顶戴、领催、兵民等宴桌。每桌摆火锅两个（铜制），猪肉片一盘，煺羊肉片一盘，烧狍肉一盘，蒸食寿意一盘，炉食寿意一盘，螺蛳盒小菜二盘，乌木箸两只，同备肉丝汤饭。宴桌全部摆完后，用宴幕一一盖好，以保持饮宴食品卫生。

摆毕宴桌，外膳房大臣率员有组织地分批引导与宴各官、外国使臣和众叟入席，然后恭候皇帝驾临。只听中和韶乐高奏，鼓乐齐鸣。皇帝乘坐的八人暖轿从养心殿缓缓而行。落轿至乾清宫，皇帝步出暖轿，升入宝座。接着奏起丹陛大乐，管宴大臣引着乾清宫殿内外及东西两廊下的各级官员、蒙古王公等由乾清宫丹墀两旁走至正中，鸿胪寺赞礼官赞行三跪九叩礼。于是，伴随着乐曲，数千耆老群臣一同向皇帝叩拜。起立后，乐声即止。管宴大臣再引着王公大臣步入殿内入席，与宴众叟群臣于座次再行一叩礼之后入座就席，丹陛清乐奏起，筵宴开始先进茶，后赐酒、赐膳等一系列繁缛的筵宴礼仪。

先进茶。众人向皇帝叩礼之后，茶膳房大臣向皇帝进红奶茶一碗。皇帝饮毕，大臣及侍卫等手执银里椰瓢碗进内，分赐殿内及东西廊下王公大臣等茶，饮后茶碗均赏。与此同时，丹墀内入宴官员由大门上侍卫手执盒子茶赏赐，饮后茶碗也赏赐。被赏茶的王公大臣官员等接茶后均出坐，向乾清宫内皇帝坐处行一叩礼，以谢赏茶之恩。

赐酒。赏茶之后，茶膳房首领二人请金龙大膳桌放在宝座前。茶膳房总管太监立即送呈黄盘蒸食、炉食、米面奶子等果宴15品，至金龙大膳桌上。同时茶膳房大臣、侍卫等展揭所有宴桌上的宴幕。尚膳总管率人上御宴。之后在丹墀两边摆放银包角花梨木桌两张，每桌安放银折盂一件，金勺、银勺各一把，玉酒钟20件。执壶内管领和御前侍卫将玉酒钟斟满酒，放在皇帝面前的膳桌上。接着，皇帝召一品大臣和年届90以上者至御座前下跪，亲赐卮（zhī）酒。同时，命皇子、皇孙、曾孙为殿内王公大臣进酒，并分赐食品。饮酒后酒钟赏给与宴者。丹墀下群臣众叟则不赐酒。赐酒、食之后，群臣众叟在各自座位前再行一叩礼，以谢赐酒之恩。

赐馔。内务府大臣等执食盒上膳，分赐各宴桌肉丝汤膳。群臣众叟开始进馔。中和韶乐声止。清宫戏班进乾清宫献歌献舞。歌舞毕，千叟宴结束。随着赞礼官高声唱导，众叟向乾隆帝再次行一跪三叩礼，表示谢宴。

中和韶乐再起，乾隆帝起驾还宫。管宴大臣按早已拟好的赏单向众叟赏赐诗刻、如意、寿杖、朝珠、缯绮、貂皮、文玩、银牌等礼物。众叟跪领赏物后，再次叩谢天恩。

6. 清宫茶宴

在清代宫廷繁缛的筵宴礼仪中，还有一种别开生面的茶宴。茶宴始于乾隆初年，于新年正月初二至初十择吉日在乾隆帝潜邸——重华宫举行。最初，与宴人数无定，选王公及满汉大臣中能诗者。乾隆十一年（1746年），确定满汉大臣、王公18人，寓唐太宗"十八学士登瀛洲"之意。其后，又增至28人。乾隆帝自喻为符以"周天二十八星宿"。参加茶宴的大臣均由皇帝亲自择定。据清《国朝宫史·典礼卷》载："每岁新正特召内廷大学士、翰林于重华宫茶宴联句，奏事太监预进名签。既承旨，按名交奏事官员宣召入宫祗候，届时引入。"名签，即绿头签，每一签列有官职与名字，由南书房呈进皇帝。是时，军机大臣为一束，上书房为一束，南书房为一束，外廷大学士、尚书、左都御史、侍郎为一束。一经皇帝择定某臣入宴，即将名单交知内臣传知。

与宴大臣接内阁通知后，于是日黎明前齐集乾清门外等候。至时有奏事处官员带领，进入乾清门由御花园漱芳斋东旁门入重华宫赴茶宴。乾隆三十九年（1774年）正月初八日至重华宫参加茶宴的大臣、翰林是：大学士舒赫德、于敏中，协办大学士、尚书陈景华，尚书公福隆安，尚书王际华、蔡新、英廉，左都御史观保、张若霭，侍郎曹秀先，仓场侍郎倪承宽，署侍郎梁国治，侍郎庄存与、奉宽、袁守侗、谢墉、李友棠，内阁学士汪廷玙，詹事汪永锡，少詹钱大昕，少卿毛辉祖，学士胡高望、董诰，庶子李汪度，侍读纪昀、陆锡熊，中允童凤三，编修陆费墀，共28人。

茶宴时，皇帝御重华宫正殿，王公坐重华宫西配殿，大臣坐重华宫东配殿。重华宫东西配殿设摆矮桌10张，每张桌上摆两份茶碗、果盒及笔墨纸砚。与宴人由值侍官员带领入重华宫东、西配殿，敬候皇帝入座。待皇帝于重华宫正殿坐定后，与宴诸臣向皇帝一叩首，然后才能入座。茶宴中，以皇帝为首，按规定的题目作诗联句。联句内容十分广泛，有对景物、节令的赞颂，也有对重大政治事件的纪念。如乾隆八年"元宵联句"，乾隆十二年"爆竹联句"，乾隆三十九年用《四库全书》书名联句，嘉庆八年在同乐园以平定白莲教为主题的联句，道光六年《咏盆梅》联句……联句一句一韵，按人数多寡分排分句。以乾隆三十一年（1766年）《玉盂联句》为例，共有72韵，28人分为7排，每人4句，每排冠以御制句，结束为御制句。

茶宴的另一个内容，当然是饮茶了。但是，这种茶并不是"清香醇厚"的香茗，而是用梅花、佛手、松子仁加雪水烹制的"三清茶"。乾隆十一年御制"三清茶诗"的副标题是"以雪水沃梅花、松实、佛手啜之，名曰'三清'"。在这首诗中，乾隆咏道："梅花色不妖，佛手香且洁，松实味芳腴，三品殊清绝。烹以折足铛，沃之承筐雪……"乾隆三十三年三清茶联句中御制句："高节为邻德表贞，喉齿香生嚼松实，心神春满泛梅英，拈花总在兜罗手。"寥寥数语，把三清茶的色、香、味及其含义和盘托出。梅花素有"香雪"之称，严冬开放傲雪凌霜。梅花与松、竹合称"岁寒三友"，寓意深远。佛手产自南方，花和叶都可以入药，有理气、和胃的功效，佛手干清香异常。松子仁是高油脂作物，与核桃、花生等硬壳果实一样，有着健脑、补益、黑发润肤等作用，尤其东北所产的松子，颗粒饱满。另外用雪水烹茶更能使茶味清香。古人称雪水为"天泉"，水质软，泡茶之后，汤色清亮。茶宴时用的茶碗，也绘有松、竹、梅"岁寒三友"纹饰及摹御制三清茶诗。宴毕，诸臣可以将碗"怀之以归"。宴桌上还摆出各式蜜饯果饤和圆鼓式果盒。果盒内装清宫特制的满洲饽饽。据清宫御茶膳房行文底档载，茶膳房预备茶宴果盒，每付用白面1斤8两，青豆面、豌豆面、芝麻研、高粱米面各4两、白糖8两、香油5两。

茶宴之后，皇帝要对诸臣进行颁赏。诸臣跪领，行三跪九叩礼，退出。赏赐物中有荷包、如意、画轴、端砚等。这些颁赏物，在茶宴前已准备好，由皇帝钦定，到时按名次颁赏。入宴大臣将茶宴看成是最高的荣誉，与皇帝一起赋诗联句，品饮三清，恩宠复加。他们把赏赐的荷包悬于胸前，把三清茶碗、鼓式漆盒捧在手中，炫耀、招摇地走出紫禁城，令众人羡慕不已。因而，茶宴又有"重华文宴集群仙"之称。

宫廷茶宴并非清代独创。早在宋代宫廷就有茶宴之举。但是以三清茶作饮品，却是清代宫廷饮茶艺术的升华。通过饮茶来陶冶情操，达到追求真、讲究美的哲理境界，是清代宫廷饮食在接受中原传统饮食文化之后的特殊筵宴。它不仅丰富和发展了宫廷饮茶品种，在客观上也起了封建帝王与满汉群臣感情联络的纽带作用。

四

宫廷饮食用具

宫廷饮食在讲究"用料""用法"的同时，还注重饮食"用具"。古人说，"美食不如美器"。食以舌品味，器为目观赏。精美的食品配以赏心悦目的餐具，才能达到饮食与艺术审美的和谐统一，这正是中国饮食文化的重要特征。

饮食用具、餐具的产生与发展，是人类辛勤劳动的结果。早在100多万年以前，人类经过"茹毛饮血"的原始时代，进入到"火熟"阶段。食物由蒸煮而熟需要各式烹调器，储存食物、原料也需要盛器保护；饮用水的汲取、运输更需容器盛装。先祖们从经火的泥土和凹凸不平的石坑中受到了制器的启发。他们用土和泥，用手捏成各种用途的器皿，放到火上烧。最初的陶器产生，饮食开始有了用具。烹调技术也由简到繁。谷、粟可以煮粥、蒸饭，牛、羊不仅烧烤，还可制成肉羹、煮成方块肉。随着人类对饮食资源的不断认识，烹饪技术的不断提高，也要求饮食用具不断更新，不断创造。如青铜食具代替陶之后，金、银、玉、瓷、漆、玻璃等贵重质地的饮食用具，也陆续出现。当然，在阶级社会里，珍贵的饮食必配以精美的食具。能够享受珍贵食品的，只有皇帝及其少数贵族。能够享用精美食器的，必然也是皇室贵族们。然而，这些宫廷饮食用具亦可折射出中华民族智慧的光芒。

1. 鼎与钟鸣鼎食

　　人类学会用火之后，便摆脱了"茹毛饮血"的原始时代，进入了定居的农业、饲养阶段。由于生存、生活的需要，泥土制的陶成了黄河流域、长江流域的先人们广泛使用的生活必需品。这些陶器，有三足的鼎、鬲、甑等炊、食具，也有圆底的盆、钵、盘、罐等盛器。随着社会的发展和生活水平的不断提高，这些饮、炊、盛器也在变化、改进。其中变化最大的，要数蒸煮器中的鼎了。最早的陶鼎为三足支撑，圆形深腹。用鼎可以煮粥、煮肉、煮菜羹，也可以直接端上餐桌盛放食品。商周以后，冶炼和锻打技术出现，古人用铜制鼎。铜鼎结实耐用，形制庄重，较之陶鼎有着很多的优点。特别是在鼎身雕饰出许多精美的龙纹、夔纹、鸟纹、象纹、饕餮纹等神秘多变、变化多端的纹饰，深为奴隶主所喜爱。他们将铜鼎作为祭祀和宫廷宴会的隆重场合使用的器物，使食器变为礼器，成为统治阶级的专用品。由于铜鼎从冶炼、浇铸到成形，要经过很多复杂的过程，造价昂贵。平民百姓使用不起，只有宫廷王室和少数贵族才能占有使用。因此，铜鼎在人们的心目中成了十分尊贵的宝器，即使在王室贵族之间用鼎，也制定了严格的礼数。在《左传》《公羊传》等书中都有"天子九鼎、诸侯七、卿大夫五、元士三"的记载。也就是说，在贵族阶层中，由于地位、身份不同，筵宴的场合、用鼎的多寡及鼎内盛放的食品都不相同。先秦文献中曾记载奴隶主贵族的筵席是"食前方丈，罗致珍馐。陈馈八簋，味列九鼎"。"累茵而坐，列鼎而食。"九鼎内盛装的食物以牛为首（即第一鼎最大，盛牛肉），依次为羊、豕、鱼、腊、肠胃、肤、鲜鱼、鲜腊。诸侯用的七鼎，只有九鼎中的前7种食品，牛、羊、豕、鱼、腊、肠胃、肤。卿大夫用的五鼎又较之九鼎减少了牛、肠胃、鲜鱼、鲜腊。到元士用的三鼎仅剩下豕、鱼、腊3种食品了。贵族们进餐时，除九鼎以外，还有煮饭的鬲，煮肉羹的铏（xíng），盛菜羹的笾（biān）、豆，饮酒用的尊、爵，装蘸肉、菜吃的酱、醋、盐、蜜等调味佐料的盘、碟等。

周代奴隶主贵族不仅在用鼎的数字与食品种类上渲染饮食丰盛，还制定了一套礼乐乐章，以显示进餐者的文雅风度。《诗经》中的《宾之初筵》就记载了周代贵族"以乐侑（yòu）食"的欢乐场面："宾之初筵，左右秩秩。笾豆有楚，殽核维旅。酒既和旨，饮酒孔偕。钟鼓既设，举酶逸逸。……籥（yuè）舞笙鼓，乐既和奏。蒸衎烈祖，以洽百礼。……"诗中大意是，宾客们有秩序地进入宴席，席间整齐地摆放着丰盛的食物，香醇的美酒。在侑酒的钟鼓乐中，畅饮欢宴，举行射礼，气氛活跃而又彬彬有礼，使宴席达到高潮。和谐的音乐和着编钟敲击，宾客们伴随着钟鼓乐的节奏咀嚼着丰盛的食品，宴会十分隆重。这在当时是一种极高层次的享受，即"钟鸣鼎食"的真实写照，也是高级贵族生活的代名词。

钟的使用时间与列鼎制的形成相近，都是周王朝建立后在制礼的同时作"乐"。古代乐器分别为金、石、土、革、丝、木、匏、竹等材料制成，称为"八音之属"。因钟属金，为八音之首，故以"钟鸣"代称八音奏乐。周代制定的乐制及其演奏，目的都不只是为了单纯的娱乐，而是作为等级差异的标准。从天子至大夫，每一等级的每一行动，都有不同的乐。《诗经·周颂·执竞》描写的是周天子钟鸣鼎食、悠然自得的宫廷筵宴生活："钟鼓喤喤（huáng），磬筦（guǎn）将将。降福穰穰，降福简简，威仪反反。既饱既醉，福禄来反。"《楚辞·招魂》中的"竽瑟狂会，搷（tián）鸣鼓些；宫庭震惊，发激楚些"诗句，则是诸侯国君用钟乐的描写。1978年湖北随县挖掘的曾侯乙墓葬中还出现了编钟、编磬等钟鸣鼎食的乐器。到春秋时代，卿大夫进食也要奏乐。《左传·哀公十五年》中也有关于"左师每食击钟"的记载。钟鸣鼎食的饮食方式，除见诸文字、史籍记载之外，在传世文物、出土文物的画面、纹饰中也有详尽的描绘。故宫博物院藏的"战国宴乐渔猎攻战壶"的图案中，就有"钟鸣鼎食"的纹饰。青铜镶嵌红铜的壶身上，从壶颈、壶腹部分别排列着宴乐歌舞、射猎驰骋等描绘。虽然铸铜工匠采取的是剪影的艺术方法处理人物动态，但画面清晰，线条优美，将人物动作、景物陪衬表现得形象逼真，耐人寻味。"钟鸣鼎食"一组，高大宽敞的殿堂内，摆满了盛有佳肴的鼎、鬲和装有美酒的尊。殿堂两旁悬有编钟、编磬，乐师跪在地上手举木槌有节奏地敲打着。殿堂外面，有几只煮肉的大鼎及手捧高脚杯（豆）的侍者往来于殿堂内外。整个画面反映了当时统治者奢侈生活的一面。

"钟鸣鼎食"兴于周，盛于战国时期。随着新兴的饮食用具的产生，铸铁范锅代替了笨重的青铜鼎。到汉代，鼎虽然不再使用了，但统治阶级将其追求的饮食排场和饮食风范依然用"钟鸣鼎食"来形容，并延续到封建社会末期。联系起清代皇帝在各种饮宴中的"燕乐""雅乐"，就可以看到其影响是何等的久远。

2. 五彩纷呈的宫廷饮食具

商周统治者追求豪华的饮食，极大地刺激了宫廷饮食具的发展。由简到繁，由粗到精，由陶到铜，又由铜到漆、玉、金、银、瓷等许多质地精良，造型优美的酒具、食具相继问世，贯穿于汉、唐、宋、元、明等各个历史阶段，使宫廷饮食具呈现出异彩纷呈的面貌。

商代国家机构形成后，统治者不仅占有生活资料和生产资料，而且有权按自己的需要大规模地支配工匠和手工业技术人员等从事各种分工劳动，更直接地服务于宫廷。如青铜酒器的现场操作，正是这时产生的。昏庸、残暴的商王朝把一切精力都用在享乐之上。农业丰收了，把粮食留够皇室贵族食用外，绝大部分用来酿酒。宫廷之中，无论是祭祀祖宗还是筵宴宾客，君臣每餐必饮，每饮必醉。有时夜以继日、通宵达旦畅饮不衰。统治者嗜酒如命，为了满足他的需要，不仅商代酿酒业发展迅速，饮酒用的酒具也用最高超的工艺和最珍贵的材料制作。在殷墟（商代王宫）出土的大量青铜器中，十之八九是酒器：爵、卣（yǒu）、尊、觯（zhì）、觚、盉（hé）、壶、觥。其造型美观、刻镂精致，确实令人赞叹不已。

本来是饮水用的陶杯，根据饮酒者的需要，派生出了一个杯子的旁支——小巧灵便的高脚杯。这是因为铸造工艺的匠人在造酒杯时考虑到饮酒不如饮水量大，将水杯容量作了缩小的变化。还考虑到饮酒的时候，酒要能加热、酒杯要能放置等需要，将杯铸成高脚的爵杯。爵杯深腹有长流、有尖尾，口沿对称有两根短柱，高脚为尖足外侈三脚或四脚。器身一侧附"鋬（pàn）"，又称把手。使用时长流对嘴而饮，尾起平衡作用。长足可以在杯底设火加温，鋬又能避免取用时烫手。爵杯的整个造型，像一只昂首翘尾的雀鸟。古人在造爵时，取雀鸟鸣"节节足足"的意思，警告人们饮酒要节制，不宜过量。《礼记》中曾记载："宗庙之祭，贵者献以爵。"在祭祀宗庙的时候，身份尊贵的长者使用"爵"这种酒器。一爵的容量相当于今天的198.1毫升。但是商代统治阶级一味追求狂饮烂醉，根本无视铸爵工匠的意图。倒是酒器精美的造型和繁缛的纹饰引起了他们的极大兴趣。酒器中有庄重大方的夔纹、龙纹、饕餮纹；有灵活多变的雷纹、乳丁纹、曲纹、回纹；有清丽简捷的蕉叶纹、花纹、莲瓣纹等，都是采用衬托浮雕式的技法，在主要纹饰中又刻以不同的重叠图案。这些雕刻层次清晰、线条优美，毫发细丝历历可数。酒器造型，大多模仿古代动物形体，在制范、翻模、浇铸时顾及动物特征及器物的实用性。故宫博物院藏商代酒器——牺尊、鸮尊、鸭尊、虎食人卣等都是形式多样、形象逼真的器物。尤其是在青铜胎上的镶嵌工艺，更是十分奇巧。

同为故宫博物院藏的"商代嵌松石青铜罍"，与周代"镶嵌红铜花片铜壶"等，就是纹饰、造型均属上乘的酒器之一。前者是在青灰色的青铜中，嵌进翠绿色的松石，互映互衬，分外醒目；后者则是在斑斓的青铜中嵌入红铜，打磨光亮平滑，色泽绚丽，华贵雍容。这些精美的青铜酒具，仅是商、周统治者象征性的御用品，它既表现了商周时期贵族阶层奢侈生活之一斑，也表现了铸铜匠役的非凡才华。

进入封建社会之后，"礼坏乐崩，天下无道"。本来只能由宫廷王室享用的青铜饮食用具，被诸侯王、卿大夫等人享用。新兴的地主阶级充分利用各自为政的生产方式，充分享受往日王室兴盛时的生活方式，大量使用青铜食具，极尽其奢侈豪华之能事。但是，青铜饮食具的发展与变化，是与当时的物质文化生活相适应的。也就是说，不同的时代有不同的审美思想。奴隶社会上升时期及中期的青铜器造型和纹饰威严、稳重，令人望之生畏。而封建社会时期的青铜器造型、纹饰日趋精巧华贵。大鼎变小鼎、小鼎又变成釜。器身轻薄，装饰严谨，多用金银错的工艺制成，带有鲜明的时代特色。如金银错，是用金银丝嵌入铜器上，钻刻成花纹，使青铜器产生富丽丰满的效果。郭沫若在《青铜时代》一书中谈道："自春秋中叶至战国末年，一切器物呈现出精巧的气象……器制轻便适用而多样化，质薄，形巧，花纹多为全身施饰，主要为精细的几何图案，每以现实性动物为附饰件，一见即觉其灵巧。"在传世与出土的春秋、战国时期的宫廷饮食青铜器中，首推1978年湖北随县擂鼓墩发掘的战国早期曾侯乙墓中的"蜡模铸造青铜尊、盘"。青铜尊、盘是风格一致的两件酒器。器身通为镂空雕花纹饰，周边饰夔龙作附件。尊底足及盘口沿也作镂空雕花纹饰。粗看上去，只觉玲珑剔透，美观华丽。仔细观察之后，就会发现，两器的镂空部分是由较粗的铜梗组成互不相连、彼此脱空的表层。而内部较粗的铜梗又分多层相互依托。内外两层组合有致，构成了高低参差、规律对称的组合体，衬托了浮雕中的蟠虺、夔龙，呈现出栩栩如生，活灵活现的艺术效果。精美的饮食具为进食者增添了无限的美感与享受，铜尊、盘是其主人曾侯乙生前使用的酒具。可以想见，一个诸侯就能享用如此精美的酒具，宫廷御用酒具的奢华就可想而知了。

封建统治阶级将生前使用的饮食具做随葬品的另一个事例，是1983年在广州挖掘的南越王墓。南越王墓为一棺一椁，内有死者、殉人、祭牲外，陪葬品全部为铜、铁饮食具。按其用途来分，几乎囊括了全部烹饪、炊、食具。蒸煮器中有青铜鼎、铜鍪（móu）、釜、甑；烧炙器有烤炉、煎盘；盛酒器有罍、壶、钫（fǎng）、盉、尊；

温酒器有提筒、匏壶；饮酒器有卮、杯；盛食器有盘、碗、钵、盒；储藏器有瓮、罐、瓿（bù）；盛冰器有鉴。南越国是西汉初年割据岭南的地方政权（前203—前111年），建都番禺（今广州市）。墓葬主人是南越国第二代王赵眜，入葬时间大约在前122年左右。从发掘南越王墓的情况来看，可以肯定，南越宫廷饮食生活极尽奢侈豪华，使用饮食具配套齐全，数量可观，有很强的实用功能。同时，也可以从南越国的宫廷饮食生活用具中，了解到当时城市手工业和商业的发展已达到一定的水平，代表了整个中国南部物质文明和精神文明的发展进程。

漆器。春秋战国后期，官营手工业迅速发展，生产规模逐渐扩大，不仅掌握寻矿、开矿等较大的冶炼、烧陶工艺来制造饮食用具，还挖掘植物原材料来扩大饮食器的品种类别。漆制饮食具的兴盛，使陶、青铜、铁等质地的饮食用具中又增添了一个新族。

生漆是一种从漆树中提取出的天然树脂涂料。刚收集到的生漆是白色的，在接触到空气后会逐渐转变为褐色，并逐渐变得黏稠，在表层结出厚厚的硬壳，即漆膜。将漆涂刷于物体表面，使其干燥后，变得坚硬，便能现出光亮的黑颜色。早在七八千年前的新石器时代，古人将新鲜的液体涂到陶制的碗、盘、杯上，发现它们很快自干，拿到手里光滑细润，美观结实。古人还在陶碗、陶杯的表面用漆做装饰，绘上鸟兽、花草、星月等，较之以往的陶器平添了美的情趣。在表层涂了漆的陶器，弥补了陶本身粗糙、易碰碎的不足，又显得轻便耐用。用漆制的饮食具更是光亮宜人，描绘纹饰自如，可以不受任何限制。用漆制品盛食物可使食物不易腐蚀变质，而且用漆制作的器物物美耐用，漆的这些优越性逐渐被人们认识，并开始广泛使用。据说在传说时代的舜继承尧的帝位后，曾使用过黑漆髹（xiū）饰的木器，而部落首领们认为舜的做法过于奢侈，极为不满。禹继承舜位以后，所用器物黑漆涂在外表，朱漆涂在内里，被、褥用丝织品制作，吃饭食具也绘有美丽的纹饰色彩。禹的做法也引起过非议。但漆制品的使用却开始盛行。战国至汉以前，新兴的地主阶级追求细腻繁缛、灵巧新颖的生活用品。漆器则在自身优越性的前提下顺应这一趋势，受到贵族阶层的青睐。一些富商大贾投其所好，大量制作精美的漆日用品，漆器盛行于上层社会的生活中。这一点，从中华人民共和国成立以来挖掘的大型战国墓葬中可以得到证实。1957年河南信阳一座大墓中出土漆器300多件，其中饮食用具有漆耳杯、鸟首木豆、黑漆方盒、彩绘漆案等，都以制作精巧华丽而著称。1958年湖南出土的漆器有羽觞、漆盒、漆盘、漆笾等饮食具则以胎薄、轻便、灵巧闻名。1978年湖北随县发掘的战国时期曾侯乙大墓出土的漆餐具有带盖漆豆、附

漆耳杯

耳漆鼎、漆盒、漆杯、羽觞、漆盘等。湖南长沙马王堆一号墓出土的漆器中也有盘、盂、奁、盒、勺、卮、匕、鼎、匜（yí）、耳杯、耳杯盒等多种器形。其中耳杯盒制作非常精致，盒做成椭圆形，内装7件套耳杯，盒与盒盖做成子母口，盖上之后非常吻合。这套耳杯为黑色漆饰，杯内底用朱漆写着"君幸酒""君幸食"等字样。这些豪华奇巧的漆制餐具，统治者生前占有，尽情享受；死后还把它作为随葬品，深埋地下。可见他们对漆器制品的喜爱之深。然而，每件漆器从设计到成器要花费许多人力财力，每件漆餐具都凝聚着艺术匠人的心血。像桓宽在《盐铁论·散不足》篇中提到的"而后彫文彤漆，今富者银口黄耳，金罍玉钟，中者野王纻器，金错蜀杯。……一杯棬用百人之力……"到封建社会晚期，皇帝使用的饮食餐具中仍有漆盘、漆碗、漆食盒、漆杯流传下来。故宫博物院藏明代红雕漆圆食盒、清代黑漆描金蝙蝠套盒、红脱胎漆菊瓣圆盒等等，造型、纹饰都带有浓郁的宫廷特色。

漆食盒（方圆各一）

玉。古代帝王视玉为至高无上的象征，祭祀天、地、祖宗时，用玉作祭器，行为规范以佩戴的玉区别身份等级，"欲子美德，则佩以玉""古之君子，必佩玉焉"。玉成了统治阶级上达于天下通于民的媒介物，在古代贵族阶层产生了很大的魅力，他们的生活离不开玉。早在商周宫廷中就设有专门琢制玉器的机构，为贵族阶层琢各种玉类日用品和佩饰，古籍中记载，商纣王饮食用具中有象牙筷子、玉酒杯。殷代妇好墓中也出土过玉壶、玉盘、玉簋

（guǐ）、玉勺、玉匕等许多精美的饮食用具。相传，周代周穆王时，西王母送给周穆王一只十分罕见的玉酒器——夜光杯。这件杯"若倾酒入杯，对月映照，色呈习白，反光发亮，光明夜照，故称月光杯"。夜光杯原本是采用甘肃祁连山产的羊脂白玉雕琢而成的。祁连山出产的羊脂白玉纹理优美、玉质晶莹细润。经过玉匠的巧妙雕琢，成薄如蛋壳的酒杯。夜光杯拿在手中，轻盈秀美，是饮酒器，又是玩赏的艺术品。千百年来，夜光杯一直是西北地区的地方特产，一直为统治者所向往。特别是唐代诗人王翰诗作《凉州词》中的诗句"葡萄美酒夜光杯，欲饮琵琶马上催"，使夜光杯闻名遐迩。

由于纯净的白玉如冰，汉代宫廷中还留有"冰玉难辨"的趣闻。汉武帝时，在长安（现西安）未央宫建有冬天取暖的"温室殿"和夏天乘凉的"清凉殿"。冬季温室殿内设有壁炉，清凉殿内则设冰鉴（冰盘）降温。一次，汉武帝的宠臣董偃夏季进宫觐见皇帝，路过清凉殿门前，觉得凉风习习。董偃贪凉怕热，就走到清凉殿休息。他坐在清凉殿的白玉床上，将盛着冰的冰鉴置于床上降温。凉爽之后，匆匆离去。宫廷侍从进屋打扫，以为是一大块冰放在床上，担心冰化弄湿玉床，于是用手挪动，结果连冰带鉴一同落地，摔个粉碎，仍看不出哪个是冰哪个是玉。

西汉时，汉武帝派张骞出使西域，首次开通丝绸之路以后，封建的中国一直实行对外开放政策。晋代法显等人远涉重洋，奔赴印度、锡兰诸国，在东南地区开辟了海上陶瓷之路。三国时，东吴船队与沿海、印度洋东部各国进行商业贸易往来，加强我国与世界各国的经济、文化交流，引进了许多外来饮食原材料、调料（如芫荽、大蒜、胡椒）新品种，也引进了许多制作饮食用具的名贵原材料并学习其制作技术。如高温烧制玻璃器皿做酒具、食具，用进口的翡翠、宝石做食具等等。史载，北魏宫廷中就有水晶钵、玛瑙盘、琉璃碗、赤玉杯等五光十色的餐具、酒具。赤玉，即玛瑙。《说文》记载，"琼，赤玉也"。早在商周时，古人就用玛瑙作杯斝（jiǎ），汉唐以后始做餐具。唐代曾出土玛瑙牛头爵杯，色彩明快、鲜亮，是古代玛瑙饮酒具的精良制品。

明清两代，宫廷设有专为皇帝制作御用玉器的"玉院""玉作"。玉制匠役多为天下能工巧匠，聚在京师天子脚下。故宫博物院藏"青玉双角长方盘""八瓣莲花形青玉盘""白玉觯""碧玉光卉盘""青玉八仙壶""玛瑙戟耳杯"及定陵出土的明代玉壶、玉盆、玉盘、玉碗等，都是精工细雕的御用之作。

金、银器。金银餐具以其轻便、耐用、不变色、不腐蚀食物等特点而著称。但金、银贵重，不易得。只有古代统治者用金作冠饰或盆、盒等礼器使用。到了皇权至高无上的封建社会，封建帝王用金银制饮食用具。翦伯赞先生研究秦汉帝王生活时指出："当其宴享群臣之时，则庭实千品，旨酒万钟，列金罍，班玉觞……"

为了满足汉代统治者对金、银器皿的需求，汉代金矿开采业为官方控制，当时的山西首山，山东泰山，陕西南山和江西、湖南等地的山区，均有宫廷设置的开采机构，四川广汉郡还设置工官，管理、制造宫廷御用的金银器皿。《汉书·禹贡传》曾记载："蜀汉主金银器，岁各用五百万（500万两黄金）。"随着统治者不断增长的奢侈欲望，他们对金银器的需求日益增加，从礼器、佩饰到餐饮具，无处不以金、银做质地，或浇铸成型，在器物面上锤揲凸面图案；或在金银面上镂刻或勒刻各种花纹，在金银面上镶嵌宝石；也有些将珍珠、宝石钻孔，串缀、串编成图案。这些金银器的产生为统治阶级的奢侈生活提供了享乐条件，并对以后各代宫廷产生影响。三国时东吴废帝孙亮用银碗盛装南海地方向他进献的蔗糖。南北朝时梁元帝萧绎在会稽时，"张葛帐避蝇独坐，银碗贮山阴甜酒，时复进，以自宽"。讲究饮食美器是历代统治者的共同追求。魏晋南北朝时期，我国南部各宫廷帝王生活如此奢侈，北方建立过政权的宫廷生活更是尽情挥霍。由反抗西晋黑暗统治而建立起来后赵政权（羯人）的代表石勒、石虎等人荒淫无道、生活靡费。石虎用膳，一人独用带有

"游槃"的特大膳桌，桌上摆出120多道菜肴。盛装菜肴的全部都是金、银餐具。由此推测，"游槃"膳桌（可能就是今日能旋转的圆面桌），可以随意转动以调换菜肴位置，统治者的生活豪华可见一斑。

唐代宫廷饮食豪华，饮食用具亦讲究质地名贵、造型精美。杜甫的《丽人行》诗中，对唐玄宗和杨贵妃兄妹的筵席进行了描述，其中"紫驼之峰出翠釜，水精之盘盛素鳞；犀箸厌饫久未下，鸾刀缕切空纷纶"的诗句既渲染了佳肴美味的贵重，又道出了翠釜、水精之盘和犀箸、鸾刀等饮食用具的精工考究。然而，唐代宫廷饮食用具中最多、最名贵的还是以金、银制作的。唐代皇室贵族的餐饮之具，在陕西境内的贵族墓葬中出土过许多。如扶风法门寺地宫内的金银器中有一件"双鸳鸯团花双耳圈足银盆"，盆高14.5厘米，口径46厘米，腹深12厘米。以银为质的盆面上凿出凸凹团花鸳鸯图案，图案凸处鎏金，凹处饰银。金黄银白对照，精细的纹饰交错，非常精美。在唐代韦氏家族韦浩墓出土的《郊野饮宴》壁画中，就有关于贵族饮宴的长方案前置银盆的描绘。韦氏是唐中宗韦皇后的家族，其饮宴奢侈、饮食用具豪华是有代表性的。此外，在长安南里王村韦洵墓出土的素面银酒壶和鸿雁折枝纹银酒碗、西安李静训墓出土的高足金杯、高足银杯、银质碗、银盒、银杯、银筷及调羹等采用钣（bǎn）金、焊接、抛光、雕琢等工艺，造型美观、工艺精湛，反映了高超的金银器制作水平。

特别值得一提的是，在众多的唐代出土金银餐饮具中，有一件小金器，呈弯弓形，中部微凹，两端弯曲向下作支撑体。两支撑点又各自伸出两片状足。整个造型简单、别致，构思奇巧。据考古学家分析，它可能是放置筷子的"金箸架"。

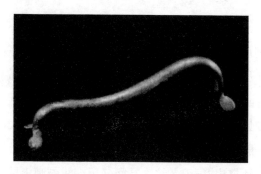

金箸架

正是唐代宫廷对金银器的大量需求，唐代宫廷内专门设置诸冶署、中尚署等专司冶铸皇家御用金银餐具的机构。丁匠们将金银的豪华与实用性、观赏性融于一体，制作出精美的御用餐具，既有中国传统艺术，又吸收外来文化艺术，以显示皇家独有的气派和权势。流传至今的"银鎏金六出菱花高脚杯""荷叶形银碗""鎏金大银盘"，

银碗"宣徽酒坊"款

有的制成10瓣菱花形、8瓣菱花形或6瓣菱花形等。器皿内、外及口沿周边分别錾以番叶花草、变形鱼鸟做装饰。陕西背阴村出土的鸿雁纹"宣徽酒坊"银碗是唐代宫廷宴飨用餐具之一。碗内底錾刻折枝花卉组成的团花，团花内又饰一展翅飞翔的鸿雁，似在空中盘旋。碗壁内外以鱼子纹为地锤揲出3层忍冬纹，其间又用细线勾画出桃花结。从整件银碗的纹饰来分析，它是一件我国传统图案中对称艺术和波斯纹饰混合的创作。类似这种融进外来文化的纹饰及造型，还有狩猎纹高足银杯、金莲花纹碗、带把银杯碗等。唐代经济富足、国力强盛，因而对外来文化有着极强大的消化能力。无论是饮食中的"胡饼"，衣着上的"胡服"，还是体育运动中的马球、摔跤及西域音乐、舞蹈等的传入，都极大地丰富了唐代社会物质文化生活，为人类文明发展做出了卓越的贡献。

古人认为，金银餐具有试毒的作用，因此为历代帝王所深爱。据说，用金银盘、碗盛食品，如若有人在食品中投毒，金银器会立刻发黑。到封建社会晚期，皇权高度集中，皇帝为自身的安全，饮食用具非金即银。元代宫廷用金铸大酒匣，首创宫廷中最大的金饮具。意大利杰出的旅行家马可·波罗在元大都供职、生活了17年，亲眼看到过金酒匣的使用与造型。在他口述的《马可·波罗游记》中，有过详细的记述：

在大殿的中央即大汗的御案前面，有一个金碧辉煌的家具，开关像一个方形匣子，每边长三步，精雕细刻着飞禽走兽的图案，而且都镏上了金。这个方形匣子里面装着一个巨大的纯金制造的瓶状容器，估计装得下很多加仑的液汁。在这个方匣的四边，各放一个较小的容器，约能容纳二百四十升。其中一个容器装马奶，一个容器装着骆驼奶，其余的容器装满各种饮料。在这个大方匣中，还放着皇帝陛下用的酒杯和酒壶等器皿，有些是漂亮的镀金的金属制成品，容积很大，如若用来装满酒或其他饮料，每一件的容量足够八到十人的饮用。凡有座位的人，每两人的桌前摆一酒壶，并配有一个金属制的勺子，开关很像带柄的酒杯，还有金银餐具。它不仅用来装从壶里倒出的酒，并且还要把它高举过头。此外，还摆着金银餐具。妇女和男子一样，也必须遵守这种仪式。皇帝陛下金银餐具如此之多，实在令人难以置信。

瓷器。宋明时期，宫廷饮食用具多用瓷器制品。瓷器轻便、实用，色彩、造型变化多端。故宫现存传世的宋明精品中的盘、碗、杯、盅、盒等无不以成色纯正、胎薄如纸、造型美观、纹饰细腻而著称。

瓷器是由陶器变化发展而来的。早在旧石器时代，燧人氏钻木取火开始熟食后便产生了陶器。随着人类饮食文明的发展，陶器在饮食用具的式样和名称上为青铜、金、银、玉等餐具的问世作了蓝本。但陶器本身却因质地粗糙，简便易得而得不到重视。若干年来仅流行于平民百姓的日常生活之中，上层社会只将其作为洗涤、储存的粗器看待。大约到了汉代，釉料的发明使陶器有了长足的发展。但在烧造时因火的温度低，质地脆，釉料也缺乏光泽。唐代武则天统治时期，唐三彩问世。胎骨、釉料远胜汉代，并由单色釉发展到多色釉，色泽鲜艳明朗，始为统治者看重。唐代晚期，宫廷开始设官监造陶瓷制品，专供皇室贵族享用。当时最著名的越窑烧制的技艺最高。史书中记载，瓷器造型优美，釉质晶莹润泽，达到了青翠精纯如含露荷叶的程度。北宋赵令畤在《侯鲭录》中记载："越州烧进，为供奉之物，臣庶不得用之，故云秘色。"相传，前蜀王建向朱温所献瓷器，即有"金棱宝碗"之称。

《陶说》中称道："金棱含宝碗之光，秘色抱青瓷之影。"
这种宝碗，胎质薄且坚硬，釉色均匀，沿镶金口。由此可
见宫廷饮食用具之一斑。

　　宋代是继唐代之后又一经济富庶的朝代。经济富庶、
文化发达，也促进了宋代手工业、工艺美术的发展。宋代
瓷器在前代富丽、丰满的水平上又以其造型繁多、色彩优
美的面貌出现。一方面宋代宫廷生活中大量使用高级、优
质的瓷餐饮具，大大刺激了陶瓷业的生产；另一方面各地
方窑为完成向宫廷进贡的瓷器，竞相选送精品绝品，无疑
为陶瓷制品的发展拓宽了道路。

　　宋代宫廷为了掌握窑场烧制供皇家用的餐饮具，改民
窑为官窑。新建官窑，由皇家派人督造，在色彩和造型风
格上都有浓重的皇家气派。宋徽宗在其国都汴梁（今河南
开封）自置窑场，烧出的器皿胎薄如纸，颜色众多，有月
白、粉红、粉青、大绿、油灰等颜色。今故宫珍藏的宋代
传世文物中就有（北）官窑烧制的盘、碗、碟等餐具多
种，釉色粉青中微带浅绿，器体通开大片，片纹呈玻璃状
透明色，釉胎匀薄，蕴润如古玉，就连清代乾隆皇帝都称
赞过宋代官窑器。在一首题鸡缸杯的诗中写道："李唐越
窑人间无，赵宋官窑晨星看。"由此可见，宋代官窑所造
瓷器的精美，只是官窑烧器很少，千百件器坯中成器者凤
毛麟角，仅为皇帝、后妃们享用。

宋代皇室南迁后，政治中心转移至江南一带，许多制瓷艺匠也随之南下。南宋皇室沿袭前朝遗风在杭州凤凰山下又建官窑，称南官窑。据明代曹昭的《格古要论》记载："修内司烧者，土脉细润，色青带粉红，浓淡不一，有蟹爪纹，紫口铁足……"江南各地在制瓷业中占有天时地利的优越条件，早在唐代已有精品问世，青瓷制品被称为"假玉"，贡进宫廷。到宋景德年间制作愈精了。原名为南昌镇的窑场因"土白壤而埴，质薄腻，色滋润"被宋真宗所赏识。于是"真宗命进御瓷，器底书'景德年製'四字。其器尤光致茂美，当时则效，著行海内"。就连南昌镇名也以景德年号为名，称"景德镇"，逐渐发展成我国陶瓷发展的重地，被誉为"瓷都"，名扬天下。正是宋代统治阶级对瓷制品的酷爱，大大刺激了全国制瓷业的发展。除官窑为皇宫生产各种餐饮具外，皇室还责令民窑每年定期向宫廷进贡精美瓷器。这样一来，各窑都有不少名贵精品问世：汝窑瓷釉呈粉青色，犹如雨过天晴之天空；耀州窑胎厚釉稠，纹样取材富贵吉祥；龙泉瓷釉色纯净柔润，可与玉媲美；哥窑与弟窑则是以古朴厚重与秀丽清新的两种风格平分秋色。尤其是建窑黑瓷碗黑色滋润，内含兔斑油滴样，为宋代最时尚的饮具。"宋时茶尚撇碗，以建安兔毫盏为上品"。

由于瓷制餐饮具色彩斑斓，品种繁多，为宋代皇室饮食生活增添了豪华、富贵的气氛。但封建帝王极尽奢华，饮食用具非金即银，并以玉、瓷、漆、水晶等质地名贵餐具交替使用。淳熙三年（1176年），太上皇赵构祝寿，孝宗为其父敬献了七宝金银的餐具作寿礼。太上皇则以累金嵌宝盘、盏赐予孝宗，同时赐给孝宗皇后一盏"翡翠鹦鹉杯"。同年十月，南宋宫廷大搞庆圣筵宴，孝宗用金盏向太上皇进酒，太上皇以白玉桃杯赐孝宗御酒。王公大臣向太上皇进献一"玉酒船"，玉船中盛满酒后，船中的人和物均能活动自如。太上皇看了非常高兴，亲赐王公大臣金船盏、黄玉紫心葵花大盘。淳熙八年（1181年）正月，太上皇过75岁寿辰，孝宗又向其父进献大批寿礼，其中有大量黄金酒器。

淳熙九年（1182年）中秋节，太上皇与孝宗同在大内香远堂筵宴赏月。香远堂是一座亭式建筑，全用新罗白罗木盖造，不施油饰，极为雅洁。堂外的池中种植白莲数亩，鲜洁爽目。加之御宴使用的御榻、屏风、案几以及案几上的壶、碗、盆、碟、盘、杯、勺、筷等全部由水晶制成，犹如进入仙境一般。天上皎洁的月光与地下洁白、晶莹的景物连成一片。美食、美器、美情、美景构成了一幅美丽的图画。

南宋朝廷对酒当歌之时，也正是北部江山破碎之日。统治阶级只顾自己享受，早把民间百姓的疾苦置于九霄云外了。

3. 宫廷饮食用具集大成时期——清代

清代皇室入关之后，政治地位变化了，统治阶级的生活习惯也发生了质的变化。饮食生活讲究排场、体面，吃的是全国各地进贡的珍奇美味，用的是金银玉嵌的精致餐具。就连外出巡幸，也是"紫螺满酌蒲萄酒，玉碗均颁乳酪茶"。这些至今仍珍藏在紫禁城中熠熠发光的金碗玉盘，无一不是历朝宫廷饮食文化繁荣发展的结果。

清代是封建制度高度发展的时期。封建皇权高度集中，身份的尊卑、地位的高低在衣、食、住、行诸方面表现得非常明显。从历史上沿袭而来的礼仪教化程式被清统治者当作核心，皇帝、皇后及皇室中生活的人所用餐具都注入了等级制度，对不同身份、不同地位的人严格规定出了用膳时使用餐饮具的不同质地、纹饰和数量，并将其载入《国朝宫史·经费·铺宫》中。皇太后、皇后每人应备金餐具36件、银餐具98件，各种细瓷盘、碗、杯、碟、盅340件，代表皇太后、皇后身份的黄地黄里暗云龙纹瓷碗660件。皇贵妃及以下等级无金餐具。皇贵妃，银餐具7件，各种细瓷盘、碗、杯、盅121件，皇贵妃等级使用的黄地白里暗云龙纹瓷器18件。贵妃，银餐具6件，各式细瓷餐具101件，贵妃等级使用的黄地黄里绿龙碗18件。妃，银餐具6件，各式细瓷餐具64件，等级餐具与贵妃同。嫔，银餐具6件，各式细瓷餐具40件，嫔等级使用的蓝地蓝里黄龙瓷碗12件。贵人以下无银具，各式细瓷碗、盘等32件，等级餐具使用酱色地酱色里绿龙纹碗10件。常在，各式细瓷餐饮具26件，等级使用白地白里五彩红龙碗10件。答应，各式细瓷饮具26件，无等级份位碗。《铺宫》中还明确规定了皇子福晋每人细瓷餐饮具48件，皇子侧室福晋每人细瓷餐饮具24件。以上所列带有不同颜色的碗，是后妃们身份地位的等级使用餐具。如后妃中遇有晋封时，使用的餐具也依其变更。其规定严格，对后妃来说，是等级的约束，丝毫不得更改逾越。这一点，在清代宫廷家宴中表现得十分明显。但是，对皇帝本人却是例外。典制中，虽然没有规定出皇帝饮食用具的数量与质地，但他使用的饮食用具在数量和质地上都远胜众人，足以表现他至尊至崇的地位和显赫的权力。仅从珍藏于中国第一历史档案馆的清帝用膳档案来看，清帝平日饮食，用金龙盘盛装点心，用金龙座碗盛满洲饽饽和各种煎炸菜肴，用黄地黄里暗龙瓷碗盛干鲜果品。皇帝喜吃的满洲小菜、老腌咸菜、青酱、黄酱、醋、盐等调味盘均用3寸小金盘。皇帝饮茶用金盖白玉碗，饮酒用镶嵌珍珠的錾花金杯……皇帝冬季用膳用金银制的火锅、暖碗、水囤；夏天用膳又换上降温消暑水晶制的冰盘、冰碗。皇帝大婚用带有龙凤双喜字的细瓷盘碗，皇帝生日用双龙方福万寿金盘碗。一年之中的各个节日，皇帝要用应节餐具：新年伊始用三羊开泰纹饰；正月十五用灯景、五谷丰登纹饰；五月初五用龙舟、五毒纹饰；七月初七用鹊桥仙会纹饰；八月十五用丹桂飘香纹饰；九月初九重阳节用菊花纹饰；冬至节用葫芦阳升纹饰；大年三十用膳用的是带有"甲子重新""万国咸宁"字样的餐具。为了方便读者起见，本书依故宫博物院现存清代较有代表性的饮食用具分别叙述，从中可以窥视出清代皇帝在不同时期、不同节日所用饮食用具的一般情况。

（1）火锅

火锅又称暖锅、热锅，是温熟食、煮生食的"炊食合一"用具。清代宫廷用火锅有其传统历史和饮食特色。

清代皇室早期生活在东北，东北无霜期长（一年有8个月结冰），天气寒冷，他们便养成了吃熟食、用温餐具的习惯。清入关后，皇室生活发生了变化，但多季用温餐具的习惯没改。在记载皇帝饮食生活的膳单中，都有用热锅、暖锅的记载。皇帝冬季筵宴，也多以暖锅为主。有清一代最负盛名的"清宫千叟宴"，就是依不同身份、不同等级而设摆成银、锡、铜三种质地的暖锅宴。

暖锅，在清宫中又称热锅。基本形式有两种：一是锅中带炉，炉内烧炭火，能把水烧开，生鱼、生肉、蔬菜放到沸水中可以煮熟。另一种是组合式的，由锅、炉支架、炉圈、炉盘、酒精碗5部分组成。可以同时上桌烧煮食物，也可单独用锅温食品。清代宫廷使用的暖锅质地精良，造型繁多，有错金银的，有纯银的，有珐琅的、锡的、铜的、陶瓷的。造型有方胜形、梅花形、瓜果形、八角形，多寓意吉祥、喜庆、荣华、富贵。有单一件使用的，也有成双配对的，还有数十件、数百件式样相同的。故宫现珍藏一件椭圆的银暖锅，长27厘米，宽25厘米，高13厘米。锅体小，锅盖大。合在一起是锅，揭开盖，盖又可以当盘用。这种锅又称"和合"锅，寓意和气、祥和、平和，是中国传统饮食器具中最体现"和为贵"的象征。特别是锅盖钮为一只肥硕的鹌鹑，翘着秃尾巴口衔麦穗的造型，更为"和合"锅平添了吉祥气氛。"和合"锅又称"鸭池"，是冬、秋二季皇帝吃全鸭的必备餐具。

　　故宫博物院藏清宫帝、后使用的火锅中，还有一套"白银质元宝式火锅"。这套火锅共52件，分别有8个不同规格型号，每个型号的件数也不同。最大号的有1件（34×29×32厘米），2号4件（30×26×28厘米），3号5件（26×22×24厘米），4号4件（24×18×20厘米），5号8件（20×15×17厘米），6号6件（17×12×14厘米），7号12件（13×10×12厘米），8号12件（11×7.5×9厘米）。这套火锅锅体为元宝式，锅盖上有4个圆光，分别镌刻"延年益寿"4字。支架分别为4个如意头支撑锅底。如意头上也镌刻着"万事如意""吉祥如意"字样。就连底盘、盛酒精的小碗外壁上，也有"万事如意"吉语。古代人将元宝视为钱财，整套元宝式火锅以及锅体中的吉祥语句，都体现了对招财进宝、万事如意的祈盼，是清代皇帝在新年家宴中的餐具。新年伊始，一桌大小参差的火锅以及锅内盛着的丰肴佳馔，烘托出皇家过年的特殊气氛，也是封建帝王以物寓子孙繁衍旺盛和显示自身权势、地位的一种炫耀方式。

清代晚期，慈禧喜食暖锅成为嗜好，一年四季暖锅不断。曾为慈禧御侍女官的裕德龄女士回忆起慈禧"每逢要尝试这种特殊的食品（暖锅）之前总是十分兴奋，像个乡下人快要赴席的情形一样"。可能是慈禧的爱好，故宫现藏式样繁多的火锅中，属清代晚期的较多。虽然质地工艺制作远不如清早、中期，但花纹、图饰、造型等方面都体现出豪华的宫廷特色。"锡制一品锅"即是其中的一种，外呈倭瓜形的锅体，顶部覆着藤蔓瓜秧、瓜叶作盖柄。揭开锅盖后，内屉平放着5只镶着金边的锡盖碗。锅体外部可插支架，放置蘸碟，分放醋、酱、蜂蜜、姜汁等。瓜形锅由圆支架支撑，支架下部设4个圆形酒碗。酒碗燃烧煮沸锅内的水，入席者依据自己的口味选择菜肴或水点。像这种大型的火锅，还有方形、双环形、四倭角形、八方形

一品锅

等，其锅盖外部，视其锅造型装饰盖柄，有双夔、狮首、鲤鱼、立凤等等，并用各种珍珠、红蓝宝石、珊瑚、玛瑙作镶嵌。从外形到内观将其实用性与观赏性、艺术性融为一体，显示皇家饮食用具的华贵与精美。尤其是锡制火锅外部雕刻的纹饰，亦体现出清代宫廷饮食生活的特殊含义。以海水作纹饰，有"四海升平"之意；用万年青花作纹饰，谐音"大清江山一统万年"；用葫芦藤蔓作纹饰，意为皇室子孙延绵无期，像葫芦一样沿袭万代；还有的用蝙蝠云朵作纹饰的，则表现洪福齐天，百福百寿等等。

（2）万寿餐具

皇帝的生日称"万寿节"。万寿节是清代宫廷中仅次于元旦（大年初一）的一个重要节日。有清一代大规模的庆寿活动有过几次：康熙五十二年（1713年）三月十八日是皇帝玄烨六旬万寿，乾隆五十五年（1790年）八月十三日是皇帝弘历八旬万寿，嘉庆二十四年（1844年）十月六日是皇帝颙琰（yóng yǎn）六旬万寿，以及清末慈禧六旬、七旬庆寿等。万寿节前期，宫中指派王公大臣及专使官员筹备庆寿典礼事宜，刻制册宝，撰写徽号，订制礼服，装修宫殿。全国各地的地方官员也积极行动起来，准备各地土仪方物作万寿贡品。其中，订制庆寿筵宴餐具更是各项准备的头等大事。先是内务府大臣按照皇帝旨意将庆典用餐具质地、纹饰、造型、件数具折子下发造办处，造办处设计出样稿呈乞皇帝定夺。一经皇帝确认后，内务府大臣选全国最好的工匠来制作完成。现在故宫博物院藏乾隆八旬万寿时特制的一套"万寿无疆"餐具，为铜胎掐丝珐琅质地。餐具是以铜镀金作胎，用金丝掐成层次丰富的纹饰，然后填以红、黄、白、蓝的缠枝莲花，环绕着"万寿无疆"4个大字，鲜艳明亮。器底圈足处镌刻"子孙永保"款识。

据中国第一历史档案馆有关乾隆八旬万寿庆典的档案资料记载，这一天的万寿筵宴，乾隆皇帝的宴桌上摆出"万寿无疆"珐琅碗热菜20品，万寿无疆珐琅盘冷菜20品，万寿无疆盖碗盛汤菜4品，万寿无疆珐琅中盘装小菜

4品，万寿无疆珐琅中盘装鲜果、蜜饯、干果28品，万寿无疆珐琅大盘盛点心、糕、饼、满洲饽饽等29品……全套餐具200多件。不同规格，不同式样的大盘、中盘、小盘，大碗、怀碗、中碗，以及布碟、酒钟、酒镶、刀、叉、箸、勺等，质地精良，造型完美。有的器体呈高脚缩腰敞口，形似古代青铜食具中的笾、豆，古朴典雅。有的器体圆肩头矮墩墩，带有满蒙游牧民族的传统特色。其共同之处，则是掐丝均匀，匠人运用高超的对色方法，在浅蓝色釉料的基底上填嵌红、黄、绿、白、黑等色花纹，使花形相同的缠枝莲在大小不同规格的器体上变化多样，有红色大花瓣中填嵌黄或黑作花心，而另一朵白色或黄色花瓣中又填嵌红或蓝作花心，再穿插上起伏均匀的绿色小叶和花梗，使器形与纹饰结合自然生动。虽然全套餐具参差有别，但色彩与造型构成了器物整体美的艺术效果。

　　在清代宫廷饮食生活中，另外两次大规模的制办万寿筵宴餐饮具的活动，就是慈禧皇太后六旬、七旬万寿庆典。据清光绪朝档案《皇太后六旬庆典》记载，清宫为了举办庆寿筵宴，特命景德镇赶制出万寿用餐具。这批餐具包括大海碗、二海碗、大碗、中碗、怀碗、宴碗、汤碗、饭碗，不同尺寸的盘、碟，不同规格的汤勺、饭勺、羹匙等共计29170多件。当时，景德镇在烧造这批瓷器餐具时，正是夏初阴雨连绵时节，窑工们制好的窑坯不能晾晒烘干，烧出的餐具十有八九成了次品。但为了不误皇太后万寿庆典用，烧窑工匠昼夜不停地赶烧，不惜工本，不惜代价。现在故宫博物院珍藏的明黄地彩绘蝠寿，万寿无疆大盖碗及万寿无疆大盘，就是那次烧造的。

此外，慈禧六旬时还制办了许多金、银、漆、玉、铜、锡餐具，仅金碗、金盘、银锅、银壶、银叉、银勺、酒镳、羹匙、金银镶象牙箸等就有780多件。这些餐具或镌刻万寿无疆字样，或雕蝠寿作纹饰，有的以八宝、如意、云头及万字等组花图案为底，并作四片开光底，浓重地烘托出"万寿无疆"4个大字的艺术效果。也有的在物体上雕刻深浅重叠的蝠寿花草图案，使器体适应雕饰特征呈现立体感，亦显生动活泼。这些珍贵的饮食餐具时至今日仍熠熠发光，成为清宫饮食美器中的佼佼者。

（3）大婚餐具

清代皇帝结婚称为"大婚"。清代共有11位皇帝，在清宫中大婚的却只有5位——顺治、康熙、同治、光绪，以及清逊帝溥仪（成年后继位的皇帝不在此列）。

皇帝大婚，要举行隆重的纳彩礼、大征礼、册立礼、奉迎礼、合卺（jǐn）礼。这些礼仪活动，都要设摆宴桌，使用带喜字的金、银、玉、瓷餐具。尤其是皇帝、皇后大婚典礼后，夫妻两人在洞房内进行的"合卺宴"（即交杯酒）用的餐具最有代表性。《清光绪朝大婚红档》详细地记载了皇帝载湉与皇后隆裕在坤宁宫洞房合卺宴（礼）的情况。

光绪十五年（1889年）正月二十七日酉时（下午5时至7时），皇帝坐坤宁宫洞房南边炕上居左而坐，皇后居右坐。两人中间摆放一张黄地龙凤双喜字红里膳桌，桌上摆赤金双喜字金大盘，盛猪、羊鸟叉各一品（猪、羊后腿），赤金双喜字大碗盛燕窝双喜字八仙鸭、燕窝双喜字金银鸭各一品。赤金双喜字盘4件，分别盛装燕窝"龙"字拌熏鸡丝、燕窝"凤"字金银肘花、燕窝"呈"字五香鸡，燕窝"祥"字金银鸭丝（4盘合起来是"龙凤呈祥"）。赤金双喜字碗盛猪肉丝汤两品，红地描金喜字瓷碗盛燕窝八仙汤两品，黄地五彩百子瓷碗4只，两只盛长寿面，两只盛子孙饽饽（饺子）24个。此4只瓷碗各带一个金碗盖，盖上各镶嵌15块红、蓝宝石。此外，膳桌上还摆有赤金碟盛螺蛳小菜二品，赤金双喜字小碟盛酱油、青酱二品。靠近皇帝、皇后面前还摆赤金镶玉箸两双，赤金双喜字勺两件，板勺两件，红地金双喜字（2寸）瓷盘两件，带盖赤金双喜字暖锅两件，赤金锅垫两个……琳琅满目的金、玉、瓷餐具，内红色、黄色，相互辉映着喜气洋洋的合卺佳宴，是幸福、美满的象征，是对夫妻和睦、白头偕老的祝福。

但是，事实恰恰相反，光绪皇帝的悲惨婚姻与清王朝的灭亡一起敲响丧钟，对丰盛无比的合卺宴及其精美的餐具显然是一个极大的讽刺。

逊清皇帝溥仪结婚时已进入民国（1922年），他的结婚礼仪处处比照光绪。但由于资金紧缺，讲究不起，也只好"将就"了。据中国第一历史档案馆藏《溥仪大婚档》记载，溥仪结婚的合卺宴仍在坤宁宫洞房进行，合卺宴餐具有"金合卺壶成对，金合卺杯成对，金汤勺、饭勺成对，金镶象牙箸两对，金叉两对"。档案还记载了"壬戌，十月十三日储秀宫交来五彩吉祥花瓷碗两件，乞（wā）单（又称怀裆，即餐巾）二件，银壶、银杯盘两对，银镶象牙箸两对，银勺两件、银叉两件"。

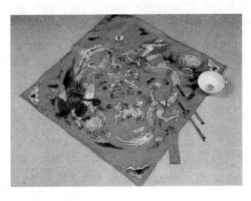

龙凤双喜怀裆

按照民间习俗，新婚夫妇入洞房后要喝交杯酒，吃子孙饽饽、长寿面，取其子孙满堂，夫妻白头偕老之意。两代宫廷皇帝大婚，除合卺宴外，同时也有吃子孙饽饽、长寿面的仪式。从档案记载得知，光绪吃子孙饽饽、长寿面用的是4只金盖黄地五彩百子碗，溥仪用的是两只五彩吉祥花瓷碗。宫廷与民间有着十分相近的风俗习惯。所不同的是，宫廷用具较之民间要奢侈、讲究罢了。故宫博物院现珍藏着溥仪合卺宴吃子孙饽饽、长寿面用过的白色五彩龙凤碗、银镶象牙箸等餐具。虽说这些餐具在质地、色彩、纹饰上不如光绪时的精细，但比起民间来还是豪华得多了。

（4）进食餐具——筷子

在谈及饮食用具这个笼统概念时，如果把盘、碗等食具看作间接用具的话，那么直接进食用具则要属筷子、勺、叉、餐刀了。虽然这些直接进食用具体积很小，但在饮食生活中，却有着举足轻重的地位。筷子在历代宫廷饮食用具中更以造型精美、质地精良而著称。

筷子，在古代称"箸"。早在商代，商纣王就以象牙箸进食，后世始有"象箸玉杯"喻生活豪华之典故。汉代墓葬中也出土过朱漆竹箸。唐代宫廷使用金箸，南宋皇帝用玉箸、水晶箸。清代皇帝用箸更加讲究质地、纹饰与造型。在记录清宫皇帝用膳的《膳食档》中，有不少是关于皇帝用膳时餐具的记载，如乾隆四十五年（1780年），一年中就使用过金筷子、银筷子、玉筷子、金银三镶象牙筷子、金银三镶乌木筷子、珊瑚顶玉筷子、乌木嵌银丝万寿字筷子等。抽象的文字，很难记录下筷子的具体形象，故宫博物院珍藏的历史文物，对档案的记录作了详尽完美的补充。当然，史料记载的筷子质地多么名贵，但说到底，筷子也脱离不了其基本的形式。然而就是我们人人皆知的筷子，在清代宫廷帝王生活中却反映了他们的奢华和当时艺术世界的无穷变化。

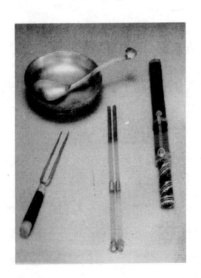

金银三镶白玉筷

各种质地的筷子都是粗细适中的长形物体，但在筷子顶端的分厘之地却花样翻新。故宫藏金银质地的筷子顶有方形、圆形、六角形、螺旋形。有精工刻雕的狮子头、龙头、凤头状的，有透雕成楼阁、人物景饰的，不仅玲珑剔透，还在里边加上铃铛，随着人手腕活动，筷子上的铃铛发出轻微的声响，真是别具匠心。用玉制成的筷子除雕刻外还用各种名贵材料加以镶嵌，如羊脂白玉筷子顶端镶绿松石顶，青玉筷子镶金顶，灰色玛瑙筷子镶红珊瑚顶等，色彩搭配合理，使人看了赏心悦目，肯定也会食欲大增。

故宫博物院藏清代皇帝用的筷子中，最多的要数金银三镶的筷子了。三镶就是在筷子顶端、中腰、底部三处用金、银镶裹。金、银筷子使用起来有一定的重量，很不实用。但银筷子能试毒，遇有害物立即变黑，很受皇帝喜爱。为了达到既能防毒，又轻便、美观的效果，三镶筷子受到了清宫的重视。三镶象牙筷子、三镶乌木筷子、三镶玉筷子、三镶玛瑙筷子都是清代皇帝、皇后们平日进膳时使用的。象牙与乌木质地坚硬，纹理细腻。用这两种材料制筷子具有轻便，遇热不弯、不变形的特点。象牙洁白爽目、乌木色泽光亮，配上金或银三镶套裹，亦显得庄重华贵。除三镶外，故宫博物院还藏有乌木、象牙两镶筷（顶部与底部镶嵌）。此外，还有筷身通体遍用金、银丝嵌成古代青铜食具上的纹饰，如夔龙纹、饕餮纹、蕉叶纹、回纹。这种工艺称为"商丝"，是我国传统的金、银丝镶嵌艺术。它的工艺程序是，先在象牙、乌木、紫檀等素筷子上，画出设计好的图案花纹，再用刀沿图案花纹雕刻出细如发丝的槽，将细细的金、银丝嵌进槽中勾边填平。然后打磨光滑，使嵌进的金、银丝与象牙、乌木筷子本身融为一体，图案纹饰自然流畅，富贵气息流于外表。能工巧匠不仅在长不逾尺把，径不足3分的筷子上创造精美的艺术，还在餐刀把、勺把、叉子把上"商丝"出美丽的图案，由此可见清代皇帝对餐具有着特殊的偏爱。从清乾隆年间起，皇帝、皇后用膳就使用"汉玉镶嵌紫檀商丝银匙""紫檀商丝银叉子""汉玉嵌紫檀商丝银箸"，直到一百多年后的清咸丰皇帝用膳仍喜欢用这种餐具。清宫档案记载了咸丰十年（1860年）御膳房收存御用餐具的情况：金火锅2口，金盖碗2件，紫檀商丝嵌玉金匙2件、紫檀商丝碧玉羹匙2件、紫檀金银商丝嵌玉银羹匙8件、紫檀嵌玉银匙子8件、木把镀金银羹匙3件、木把镀金银匙13件、木把银匙4件、银羹匙6件、银匙大小3件、木把子金匙子6件（内羹匙1把）、紫檀商丝嵌玉金筷1双、紫檀金银商丝嵌玉金筷1双、金镶玉筷1双、紫檀金银商丝玛瑙金筷1双、金镶汉玉筷1双、紫檀金银商丝嵌玉银筷1双、银镀金两镶牙筷1双、银两镶牙筷6双、紫檀金银商丝嵌玉银镶牙筷16双、象牙筷16双、碧玉把金叉子2件、

乌木筷14双、玉把金叉子2件、紫檀金银商丝嵌玉金叉子
2件、银叉子2件、木把镀金银叉子1件。

按清代满族风俗，筷子还是新婚燕尔的吉祥之物，
以筷子谐"快生儿子""早得贵子"。清代皇帝大婚，非
常重视这一民族风俗。在清代皇帝大婚典礼后的合卺宴
中，桌上摆满了带有双喜字和龙凤纹饰的金盘碗，皇帝和
皇后面前各摆一双赤金镶玉的筷子，两双筷子头上用一条
红色的丝线连着。皇帝、皇后用膳时，要听从在一旁侍候
的福晋、夫人们指导，一同举筷，行动统一。当福晋、夫
人们送来子孙饽饽，皇后用筷子夹起时，在一旁的福晋、
夫人们要问"生不生？"皇后应答"生！"接着，皇帝、皇
后再用连着红丝线的筷子食长寿面、饮交杯酒。合卺宴的
过程，亦表明满族传统婚俗的美好祝愿和象征，以食、以
物寓意夫妇和睦，快生儿子等等。然而，事实并不如人所
愿。清代晚期的同治、光绪两位皇帝都用过系有红线的筷
子，也吃了子孙饽饽、长寿面，但他们都无子嗣，都没长
寿。同治皇帝年仅19岁、光绪皇帝也在38岁时死去。

（5）茶、酒具

清代皇帝既喜美食，亦爱美饮，对于茶具、酒具的追
求，更不在餐具之下。

自唐代茶圣陆羽从茶的汤色与茶具器皿互相衬映的审

美意识出发，提出了"品茗须择茶具"的结论后，历代茶家都把茶具与品饮相提并论。一盏茶在手，先闻其香，后品其味，再观其具。茶的汤色与茶碗、盘、壶的质地、造型、色彩融为一体，使品饮者在体味到茶香的同时，更能得到欣赏饮具美的艺术享受。由于饮茶是高雅的艺术文化活动，历代统治者对饮具的喜爱始终乐此不疲。就像宋代宫廷善用兔毫盏、明代宫廷尚薄胎白瓷碗一样，清代宫廷饮茶亦有自己喜爱的茶具。

清代康熙、雍正、乾隆三帝饮茶喜用紫砂茶具。紫砂茶具产自江苏宜兴，始于宋盛于明。因紫砂器胎无釉，具有透气而不渗水、泡茶保持清香不变质、耐热性能好、传热慢、多季泡茶不炸裂等特点，受到人们的喜爱。加之紫砂器本身色泽素雅，具有纯朴的自然美感，与中国文人寻求返朴归真的幽野之趣相吻合。因此，紫砂器脱颖而出，一跃成为陶器中的佼佼者。虽然紫砂器本身与宫廷用具的豪华典雅极不相符，但清代皇帝附庸风雅，自命文儒，凡见民间有紫砂精妙之品，统统搜来当作御用品茗用具，并即命景德镇御窑仿制烧造。在烧造前，责令工匠在造型、色彩、纹饰上追求精致奇巧。故宫博物院珍藏的"康熙款珐琅彩牡丹纹紫砂壶"，雍正、乾隆"御题"诗文紫砂器，以及乾隆时期的"描金彩绘瓜棱酒壶""莲瓣碗""竹节茶壶"等等，都是清代宫廷饮具中的精品。

但是，这些紫砂器充满了人工雕琢的宫廷味道，已把紫砂器纯朴的本来面目掩盖了。值得一提的是，乾隆时期使用的几套"茶籝（yíng）"更是宫廷中技艺奇巧的精细上品。一套"茶籝"分别装置茶炉、茶壶、茶碗、茶筒、水铫（diào，煮茶用）、铜筷子、铜铲子及炭盆，组合在一起，是一套灵巧、便于携带的茶炊具，分开观赏，每一件烹茶具都是一件精巧的艺术品。对于这些用具，在明人高濂所著的《遵生八笺·溪山逸游》中均有详细的叙述。清代皇帝饮茶及对茶具的选择与使用亦是在循古人之道，陶时人之情。

清代宫廷茶具中，还有瓷盖碗、玉盖碗、漆盖碗、金盖白玉碗、金盖翠玉碗、银盖白玉碗等。盖碗即为一盖一底合起使用，碗底设碗托。盖碗的盖略小于碗，是品饮时刮茶叶用的。盖碗泡茶量小，适于细细品饮。为了方便端碗避免烫手，盖碗下垫一茶托。茶托又称茶船，托中间有一圆形下凹，正好与茶碗圈足吻合。茶托多为金、银、铜胎烧蓝质地，制成圆形、荷叶形、莲瓣形、元宝形。清代中、晚期，宫廷饮茶多用盖碗。清道光皇帝饮茶用金盖白玉碗、金茶船。清同治时，慈禧饮茶视季节选用盖碗。冬季饮茉莉花茶用黄地白里万寿无疆瓷盖碗。这种碗胎薄如纸，瓷面光洁均匀，造型纤秀精巧，纹饰五彩缤纷。浓郁的茶香与盖碗造型、纹饰融为一体。到了夏季，慈禧喜欢用白玉金盖碗泡金银花茶。碗以羊脂白玉琢成，盖为黄金四层塔状。淡淡的茶汤与白玉、黄金互相映衬，清晰明快，清爽宜人。这些茶具的使用表现了品饮者的高贵身份。

清代宫廷在饮茶中还保留了满族先人饮奶茶的传统。满族入关前，曾以游猎、渔业为生，喝奶茶能去膻气、助消化。满族习惯用白桦木碗饮奶茶。桦木碗是用桦树根旋挖成型。桦树根质朴、大方，用其自然纹理作装饰是满蒙民族的传统工艺。清宫中亦保留了这一传统，但宫廷中的白桦木碗都镶着银，里面有光素的，也有压出各种吉祥图案的，如八宝、八仙等，无比华贵。清乾隆曾用过镶有红宝石的白玉碗饮奶茶，并配以银质奶茶壶。银奶茶壶造型

银龙首奶茶壶

非常奇特，壶盖钮为一火珠形，壶把是一龙头作俯视状，另一条龙仰视、张着大口作壶流，龙眼、龙须极为逼真，壶底呈莲瓣须弥座，工艺精湛，是一件带有少数民族特色的宫廷御用奶茶饮具。

饮具的另一部分，是酒具。清代宫廷中的酒具，以造型多样、质地精良著称：金、银、漆、玉、瓷、水晶、玛瑙、犀角、珐琅、匏制……方形、圆形、八角、六角、双耳、单耳、敞口钟式、平口斗形、仿古爵杯等等，种类繁多。

清代皇帝平时饮酒用瓷酒杯，即十二月花季杯，一年12个月，每月用一种花型的酒杯饮酒。"十二月花季杯"为一套，按不同季节的花卉装饰在12只小杯上。每月花的纹饰用不同的色彩来表现并赋以诗句：一月水仙花，诗句曰"春风弄日来清书，夜月凌波上大堤"；二月玉兰花，诗句曰"金英翠萼带春寒，黄色黄中有几般"；三月桃花，诗句曰"风花新社燕，时节旧春浓"；四月牡丹花，诗句曰"晓艳远分金掌露，暮香深惹玉堂风"；五月石榴花，诗句曰"露色珠帘映，香风粉壁遮"；六月荷花，诗句曰"根是泥中玉，心承露下珠"；七月兰花，诗句曰"广殿轻发香，高台远吹吟"；八月桂花，诗句曰"枝生无限月，花满自然秋"；九月菊花，诗句曰"千载白衣酒，一生青女香"；十月芙蓉花，诗句曰"青香和宿雨，佳色出晴烟"；十一月月季花，诗句曰"不随千种尽，独放一年红"；十二月梅花，诗句曰"素艳雪凝树，清香风满枝"。十二月杯是清代官窑瓷器酒杯，是康熙朝瓷器中最名贵的品种。据成书于20世纪初的《匋雅》记载："康熙十二月花卉杯，一杯一花，有青花、有五彩，质地甚薄，铢两自轻。彩花有黄色小兔者为最美，菊与荷鸳者为下。昔者十二月杯不过数金，所在多有，今则黄兔者一只，已过十笏矣。"由于十二月杯工艺复杂，耗金量大，成本昂贵，只有皇帝使用，民间是很少见到的。

乾隆十九年（1754年）五月皇帝东巡盛京，一路上围猎、筵宴频繁，地方官向皇帝进食不断。在赐宴蒙古诸王宴中，君臣之间"紫螺满酌蒲萄酒，翠碗均颁乳酪茶"。皇帝用来饮酒的紫螺亦是十分名贵的。

到了年节，清代皇帝使用的酒具亦有节日特色。除夕、元旦清宫要举行家宴、宗亲宴，皇帝饮酒用金錾双龙酒杯、金錾云龙海水酒壶。正月十五筵宴王公大臣，皇帝饮用白玉酒杯、白玉酒壶，并用白玉酒杯赏众人酒。万寿节生日宴，皇帝用万寿无疆珐琅酒杯、酒壶，也用万寿无疆珐琅杯赐众人酒。尽管这些酒杯、酒壶质地、纹饰不同，但式样、造型都大同小异。现在故宫博物院还藏有一些造型罕见的酒杯，是清代皇帝在特定环境中使用的。

金瓯永固杯：金瓯永固杯是一件高12.5厘米，直径8

厘米的深斗形酒杯。杯下部有3个卷鼻象头式的杯足呈鼎立状拱托杯身。杯身有两个立夔龙作双耳，夔龙头顶各饰一颗大珍珠。杯身通錾宝相花纹，并以珍珠、红宝石、蓝宝石做宝相花心。杯口正面镌"金瓯永固"四个篆字，背面有"乾隆年制"款识。据清宫档案记载，当时造金瓯永固杯时用黄金20两（折合1.25市斤）、红宝石9粒、蓝宝石12粒、大小珍珠11粒、碧玺4粒。这样贵重的酒杯，皇帝每年只用一次。那就是元旦凌晨子时，在新年、新月、新日、新时伊始，书写第一笔（称为"开笔仪"）时，饮

金瓯永固杯

屠苏酒用的。

青玉爵杯：爵杯是商周时期的饮酒具。爵的造型是三条外侈形足呈鼎立状支撑"U"形的爵底，两槽左右有两个对称的圆形立柱。故宫博物院藏青玉爵杯的外形与古代爵杯基本相同，有尾有流，有对称的圆柱和外侈的尖足。仔细观察后，就会发现这件青玉爵杯与古代爵杯的不同之处。原来，这只爵杯是由两个独立的半只爵杯组成的。半只爵杯只有一槽作流，两个圆形立柱、爵腹及两足均作截面（一足完整），恰好与另半只爵合在一起。两个半只爵合起后，放在青玉托盘中，爵四足入盘托足槽中，十分吻合。我国传统婚礼中，新婚夫妇入洞房后要饮交杯酒。酒

金酒壶、金酒杯

杯是一只葫芦剖开的两只瓢。新婚夫妇各执一瓢对饮后，交换互饮，再将两瓢合成一个葫芦，以示夫妇和睦，合为一体。清宫中的青玉爵杯是清早期皇帝大婚时合卺宴饮交杯酒的酒具。虽然青玉爵杯与葫芦的使用同出一理，但民间与皇家却有着天壤之别。

　　清代皇帝饮酒还有明显的季节性。冬季饮热酒，皇帝喜欢用金酒杯、银酒杯、珐琅酒杯。夏季则选用洁白、透明的清爽型酒杯，如水晶杯、白玉杯、犀角杯等。水晶杯为无色透明结晶体，常做斜方六面，晶莹如玻璃，而硬度很高。犀角杯是犀牛角制成的。犀牛角是珍贵的药材，角

犀角杯

质细密、柔润，纹理美丽，有含蓄的琥珀色彩。制成酒杯，华贵高雅又具药性。犀角杯的造型多利用其角自然尖顶作底，上部镂雕成不同纹饰的杯、爵等酒器。还有的经过能工巧匠的妙手将犀角制成近似小船的槎杯。外壁雕刻采用线法浮雕、镂空等技法，然后打磨光亮，极为精美。

五

宫廷节日饮食

在历代宫廷饮食生活中，节日饮食丰富多彩。统治者利用节日饮食烘托节日气氛，还利用节日饮食赏赐臣民，表现他们与民同乐的欢愉之情。如立春日食春饼、春盘，正月十五食元宵，端阳节食粽子，中秋节食月饼，重阳节食花糕，冬至食馄饨，腊月初八食腊八粥，等等。

用饮食酬节的历史，早在春秋战国时期就非常盛行。我国第一部诗歌总集《诗经》中曾写道："八月剥枣，十月获稻，为此春酒，以介眉寿。"古人用新收获的粮食做成饭，用新谷酿美酒，虔诚地祭祀神祖，孝敬长辈，酬劳亲朋好友，庆祝丰收，便是饮食酬节的雏形。历代统治者则从统治集团的利益出发，希冀国泰民安、统治长久，便利用人们对节日的热情，大张旗鼓地推行节日活动。各种应节饮食则是民间最喜闻乐见的节日活动。许多节日食品本来是由民间饮食发展起来的，一旦被最高统治者列为宫廷应节食品，在原料、做法和形式上便由质朴变得奢华，由简单变得繁杂，这也体现了宫廷饮食的特殊地位。

1. 饺子迎春

在众多的传统节日里，除夕夜是最隆重的。在这"一年连双岁"的时刻，人们将告别过去的一年，迎接新年的开始，因此对新年、新月、新时的到来就格外重视。人们用酒食相邀畅饮，围炉团坐、终夜不眠、燃放鞭炮等活动迎候新时的到来。北方地区则吃水饺，象征"招财进宝"。除夕子时饺子下锅，节日的活动达到高潮，锣鼓齐鸣，鞭炮飞天，一切都向人们显示新的一年来到了。

饺子是我国北方民族面类食品之一，早在公元5世纪，就出现在我国古代文献记载中。那时的饺子称为"馄饨"，形如偃月，内包馅心，用滚水煮熟，连汤食用。南北朝时，黄河流域吃饺子的习俗十分普遍。到唐代早期，饺子不仅为内地人喜食，还传到边远的少数民族地区。1972年新疆吐鲁番地区出土的唐墓中发现了饺子，形制与现代饺子一模一样。

古代人吃饺子只是多种饮食中的一种，并无明确的时间与寓意，一年四季都可食用。饺子在元代被称为扁食，并出现在元代宫廷食谱《饮膳正要》中。饺子作为应节食品大约始自明代，其名仍沿"扁食"之称。明沈榜的《宛署杂记》和刘若愚的《酌中志》都有关于元旦吃扁食的记载。为什么在新的一年开始要吃饺子（扁食）呢？这里原因很多，首先是饺子的形制近似元宝，人们在元旦时吃饺子有获财宝的喜庆意义；再是制饺子需在除夕夜，正是合家团聚共同守岁时；还有包完饺子之后，坐等子时一到，立刻将饺子下锅煮，取"岁更交子"之意，包饺子为节日活动增添了浓浓的欢愉气氛。

清代宫廷很注重这一辞旧迎新的岁更"饺子"。历代皇帝不仅要吃饺子，还讲究饺子馅心及其吃饺子时的繁缛礼仪，这是不忘祖宗、不忘发祥地的表现。清皇室入关前，生活在东北，冬季天气寒冷，除夕时要包出许多饺子，放在室外冷冻，然后贮存起来。自除夕夜交子时煮着吃，一连十几天，天天吃饺子，以示吃隔年饭，年年有余粮。清入关后，关内的气候不适合吃冻饺子，但正月初一的饺子是一定要吃的，而皇帝吃的饺子必须是素馅的。相传，当年清太祖努尔哈赤凭借十三副遗甲起兵，连年浴血奋战，为夺取统治权，杀伤过多，死者无数。为了表示对无辜者的忏悔，努尔哈赤在登上汗位的那年元旦，对天起誓，每年除夕包素馅饺子祭奠死者。从此，清代宫廷中就留下一条不成文的规矩，除夕夜吃素馅饺子。清宫皇帝吃的素馅以干菜为主，有长寿菜（马齿苋）、金针菜、木耳，辅以素三鲜，蘑菇、笋丝、面筋及豆腐干、鸡蛋等。

清代前期和中期的几位皇帝都严格遵守祖宗遗训，在除夕晚上的辞旧迎新瞻拜礼仪之后，到乾清宫左侧的昭仁殿东小屋吃煮饺子。当皇帝一行人登上乾清宫台阶时，御膳房开始煮饺子，皇帝到昭仁殿东小屋坐稳后，饺子恰好出锅。清宫规制，自腊月底至正月间，皇帝每过一道门槛，随侍太监就要放一挂鞭炮。所以御膳厨役听到鞭炮声，掌握煮饺子的时间，可以做到准确无误。

　　据珍藏在中国第一历史档案馆的《御茶膳房》档案记载，清嘉庆四年（1799年），颙琰帝吃饺子时，用的是木胎黑地描金漆的大吉宝案。宝案面四周绘有葫芦万代花纹，正中分别书有"一人有庆""万国咸宁""甲子重新""吉祥如意"等吉语。吃饺子时用的4个珐琅佐料盘，各装酱小菜、南小菜、姜汁、醋，分别压在4句吉祥语上。在靠近皇帝宝座的这面宝案边，分左、右摆放象牙三镶金筷、金叉、金勺、擦手布、渣斗（唾盂）。皇帝在宝座上落座后，首领太监手捧红雕漆飞龙宴盒跪进，内有两只绘有"三羊开泰"纹饰的珐琅大碗，一只盛装素馅饺

红雕漆飞龙宴盒

子6个，另一碗盛放"乾隆通宝""嘉庆通宝"各一件（嘉庆时为子皇帝，其父乾隆帝退位仍训政，为太上皇）。首领太监将两只珐琅碗取出，放在大吉宝案的"吉"字上，然后请"万岁爷进煮饺子"。这时，颙琰帝才能独自一人进素饺子。

档案中还记载，颙琰帝用毕，小太监将一块红姜和一个素馅饺子放到一个小盘上，送到昭仁殿小佛堂内佛供前。此时，整个清宫大大小小48处佛堂的佛供前都摆起素馅饺子。颙琰吃饺子才算结束。

清代晚期，皇帝对祖宗遗训逐渐淡化，每年除夕元旦吃的饺子也有很大的变化。清光绪帝吃饺子改在养心殿，饺子馅心也由素馅变成各种肉馅的。据光绪十一年（1885年）《清宫膳食档》载，正月初一子时开笔仪后，"万岁爷在养心殿进煮饺子。第一次进猪肉长寿菜馅十二只。第二次进猪肉菠菜馅十二只"。尤其是慈禧垂帘听政后，对过年吃饺子更是独出心裁。腊月末，慈禧遍邀各王府福晋、格格们到宫中度岁末。除夕夜，将众人集聚一起，一起动手包饺子。正月初一天蒙蒙亮，命寿膳房厨师煮饺子，召集大家坐在一起吃饺子。待太监将煮熟的饺子端上桌后，慈禧对大家说："此刻是新年、新月、新日、新时的开始，我们不能忘记过去的岁月，今天我们能吃一顿太平饭，是神的保佑，是列祖列宗的庇护。"说毕，众人依次向慈禧磕头谢恩，然后才能吃饺子。

2. 立春春饼

立春是全年二十四节气之首，从立春日开始，一年的农事活动就拉开了序幕。我们以农业立国的国度，自古以来，就对春天寄予厚望，希冀在一年之首有一个良好的开端。历代帝王在这一天要举行"探春"典礼，即由大臣扶犁，亲自举鞭打牛（打去牛的懒惰），耕一片土地，表示帝王重视农业生产。"探春"典礼之后，要食春盘、春饼，以此寄寓农作物苗势旺盛，茁壮成长。

立春日食春盘是我国古老的传统食俗。在晋代周处的《风土记》中曾记有"正元日俗人拜寿，上五辛盘。五辛者，所以发五脏之气也"，五辛盘就是春盘。晋代的五辛盘是用葱、姜、蒜、韭、辣芥5种带有辛辣味的蔬菜合装在一起而得名。古人春日食五辛，有迎新之意。从医学角度来看，亦有散发冬季五脏浊气，增进清新的成分。唐代改五辛盘为春盘，并将5种辛辣食品改为萝卜、生菜，用面烙的春饼替代"盘"，用薄薄的圆饼包菜吃。北宋时，食春饼包菜的食俗日益普遍，不仅民间家庭制作，市肆店铺也有出售。宋代宫廷在这一天向文武百官、宫廷大臣赏赐春饼与春盘，"立春前一日，大内（皇宫）出春饼，并酒以赐近臣。盘中生菜杂萝卜为之装饰，置食中"。民间在这一天，亦以春饼互相馈赠。宫廷制作春盘，非民间可比，既奢侈又豪华，"翠缕红丝、金鸡玉燕，备极精巧，每盘值万钱"。可以想象，能得到皇帝赏赐的春盘，对大臣来说，可算得上殊荣了。明代宫廷在立春这天"无贵贱皆嚼萝卜"，名曰"咬春"。清代宫廷效法古人，立春日食春盘、春饼，并且装盘讲究，选料精良，很有特色。

清乾隆时期，每到立春前一日，皇帝通过随侍太监，命御膳房"饽饽、点心换春饼"。清宫皇帝早、晚两膳正餐，御膳房还用米面、白面做出20多种甜咸点心，随皇帝食用。这些点心除赏赐后妃大臣外，更多的是作为佛、道、萨满及祖宗供前的供品。随皇帝谕旨，所有的供品一律换成春饼。清宫吃春饼，要包上"满洲合菜"。满洲合菜，是以东北所产的动物、植物为原料烹制出来的菜肴。这些菜有鹿肉、熏猪肉、野鸡、关东鹅、鸭子、野猪肉、茼蒿菜、酱瓜、酱苤蓝、胡萝卜、干扁豆、豉豆角、葫芦条、宽粉（条）、绿豆粉（丝）、甜酱、香油等。通过清宫御膳档案的记载，我们可以了解清代宫廷食春盘有着浓郁的满族饮食特色。

清宫皇帝食的五辛盘，更是清代皇帝依循古代饮食遗风的体现。据档案记载，乾隆十八年（1753年）十二月二十日，乾隆命御茶房"伺候五辛盘"。五辛与晋代五辛相同，即葱、姜、蒜、韭、辣芥，均切成细丝，合酱食用，以佐甜黄酒。对于用什么样的盘来盛五辛，茶膳房厨役与总管太监却费了一番脑筋。起初，茶膳房厨役选了皇帝逢年过节用的盘心呈格式珐琅盘盛五辛，中间用甜酱间隔，每格各安一朵吉祥花朵。

五辛盘摆好后，摆在皇帝用膳的养心殿东暖阁转盘桌上一盘，恭候皇帝"呈览"。总管太监看后，觉得用珐琅金龙盘更好。茶膳房厨役按照总管的意思，又用珐琅金龙盘盛五辛，摆在重华宫的金昭玉粹转盘桌上，请皇帝过目。乾隆帝将摆在养心殿东暖阁的五辛盘与重华宫金昭玉粹的五辛盘作过比较后，觉得养心殿格式珐琅盘好，同时下旨："五辛盘尔等一日一换"，保持五辛清鲜。为了一件五辛盘，身为皇帝的乾隆不仅多次过问，还不厌其烦地通过随侍太监、总管太监等对用盘、设摆提出建议，直到亲自过目，满意为止。由此可见，清代皇帝对传统的饮食倾注了多么大的热情！

3. 浴佛素食

四月初八日是浴佛节。自东汉佛教传入我国，这一天便是虔诚的佛教徒与善男信女们的隆重节日。在这一天，各佛寺内用香汤浴佛，举行"龙华会"。寺庙设酒饭，布席于路边，前来观浴佛的百姓可以吃到"舍饭"及许愿、还愿……许多史书都有关于浴佛盛况的记载。传说，释迦牟尼是印度北部迦毗罗卫国（在今尼泊尔境内）净饭王的太子，出生于公元前565年的四月初八。在他脱离母体后，受到天降九龙口吐香水的洗濯，同时天空中天女散花，还有优美的乐章奏起。从此，释迦牟尼竟能行走且步步生莲花。长大后，释迦牟尼又在四月初八出家，四月初八成道。于是，佛教徒根据这个传说将每年的四月初八视为佛祖诞辰日，在这一天用香汤洗浴释迦牟尼的诞生像，这一天称作"浴佛节"。

由于南朝梁武帝笃信佛教，提倡茹素，浴佛节又增添了食素的内容。历代都在浴佛节这天以素食为主。宋《醉翁谈录》中就有记载："浴佛之日，僧民道流云集相国寺，合都士庶妇女骈集，四方挈老扶幼交观者莫不蔬素。"历代皇帝也以清心寡欲的素食度节，清代皇帝表现得尤为突出。

清宫御膳房下设素局，专门为皇帝、皇后烹制素食。清乾隆皇帝敬天法祖，嗜古为癖。对浴佛节这天的饮食非常重视。每年刚进四月，乾隆帝就亲下谕旨："四月初七日起，后妃止荤添素。"宫内各处佛堂，全部换上双龙纹饰的供碗、盘，摆上最隆重的供品，每桌25品：点心5品、蜜食5品、炉食5品、蒸食5品、素菜5品。素菜有卷签、山药、面筋、香蕈、锅渣。为了表示敬佛虔诚，皇帝、皇后还亲自用供。乾隆二十年（1755年）四月初七日的《皇帝进膳底档》中就有"万岁爷、皇后各用供一桌。素菜十三品，（其中）面卷三品、面筋三品、卷签二品、山药糕二品、豆腐干三品"。浴佛节这天，皇帝还特旨佛堂厨役为他备膳。

乾隆三十年（1765年）四月初八日，正是乾隆第4次南巡的北归途中。虽然旅途饮食不能与皇宫相比，但档案记载这一天的饮食仍然很丰盛。早膳是，"素杂脍一品，素笋丝一品，苔蘑爆腌白菜炒面筋一品，口蘑炖面筋一品，豆瓣炖豆腐一品，水笋丝一品，野意油煤果一品，匙子饽饽红糕一品，竹节卷小馍首一品，银葵花盒小菜一品，银碟小菜四品，奶子饭一品，素面一品，果子粥一品，饽饽六品，额食三桌，炉食四品。"晚膳是"香蕈口蘑炖白菜一品，蘑菇炖人参豆腐一品，山药白菜香蕈蘑菇脍油煤果罗汉面筋一品，王（黄）瓜拌豆腐一品，油煤果火烧一品，托活里额芬一品，素馅包子一品，小米面窝窝头一品，象棋眼小馍首一品，银葵花盒小菜一品，银碟小菜四品，绿豆陈仓米水膳一品，额食五桌，奶子二品，饽饽十品，炉食六品"。

清代宫廷在四月初八日这天除食素外，还要吃"结缘豆"结缘。先是皇太后命宫廷膳房选青豆3333粒，选黄豆3333粒，选茶豆3334粒（清宫旧俗浴佛节一万粒结缘豆，每人吃一百粒结缘豆）。各用白布缝袋分装同煮。煮熟后撒上细盐，赠给皇帝青豆333粒、黄豆333粒、茶豆334粒。赠给皇后与皇帝同。赠给皇贵妃、贵妃、嫔等人各青豆33粒、黄豆33粒、茶豆34粒。档案中还记载，帝、后在食"缘豆"时，还要佐以酱苤蓝、酱胡萝卜、腌胡萝卜，藕、豆付干、王（黄）瓜、姜、樱桃等满族传统的蔬菜。此外，王公大臣、太监、宫女各有赏赐，皇帝、皇后得到结缘豆后，再互相赠送，以结缘分。清代晚期，慈禧也在这一天遍舍结缘豆，赠给光绪帝、隆裕皇后及瑾妃、珍妃等人。可是她与任何人都无缘可结，皇帝与她反目为仇，皇帝与皇后之间更是视同路人。宫廷结缘成了最大的讽刺。

4. 端阳粽子

五月初五是我国传统的端阳节，端阳节的粽子是人们最喜爱的节日食品之一。关于粽子的名称，在西晋人周处写的《风土记》中曾记载："古人以菰叶裹黍米煮成，尖角，如棕榈叶心之形。"故有"粽子"或"角黍"之称。
菰叶是江南水生植物的叶子，果实即菰米。菰叶宽大，包
上黍（即黄米）蒸熟有特殊的清香味。在当时，粽子并不
是节日食品，仅仅是民间的普通食品。到唐宋时期，粽
子逐渐成为端阳应节食品。每到端阳前，唐代都城长安街市
市场就有专卖粽子的店铺。这时的粽子在制作和外形上有
了很大的变化。史书记载，有似金的黄黏米粽，有白如玉
的糯米粽，有的粽子在米中还夹杂红枣、板栗、胡桃、赤
豆或各种果仁作馅心。粽子外面除用芦苇叶、竹叶包裹
外，还用各种丝线和草索捆扎成锥形、菱形、百索形。这
些精工细作的粽子不仅是民间馈赠亲友的礼品，还倍受宫
廷帝王的珍视。唐代宫廷每到端阳节前，总要赶制一批粽
子和粉团酬节。在食粽子前，还要举行"射粽"的娱乐活
动。将粉团盛在一只大金盘中，让妃、嫔、宫女们用角质
的小弓搭箭去射。谁射中了，就赏给谁吃。唐代宫廷粽子
较之民间更趋精巧，有单独一个的，也有捆扎成串的。唐
玄宗在品尝了宫廷粽子之后，被其色、香、味、形所吸
引，吟出了"四时花竞巧，九子粽争新"的诗句。

　　清代宫廷亦有端阳节食粽子的习惯。早在东北时，满
族旧俗端阳节食椵木饽饽，并用来祭神。椵木是生长在东
北的落叶乔木。春季发芽，叶阔如掌。端阳节时，用椵木
叶包黏高粱米与小豆泥，上屉蒸熟有椵叶的清香。满族所

食的椴木饽饽与中原地区的江米粽子很相似，只是所用原料受地域限制，才出现黏高粱米与江米、椴木叶与苇叶的区别。清康熙时，清宫端阳节用高丽米粽供佛，并用高丽米粽赏赐文武大臣食用。《养吉斋丛录》记有南书房翰林查慎行得到皇帝赏赐的高丽米粽。高丽米，即朝鲜产的糯米，自清太祖努尔哈赤时起，已作为贡品进贡宫廷，专为端阳日包粽子用。但是，由于清皇室入关后在相当长的一段时间内仍保留满族传统食风，端阳节用椴木饽饽祭祀上供的习俗在清宫仍有很深的影响，如坤宁宫祭神时，就有粽子和椴木饽饽同时出现在供桌上的现象。在清宫词中，也有"角黍犹沿椴木名"之句。可见糯米粽子在当时清宫中还不普遍。随着满族入关日久，满汉饮食的融合与饮食文化的不断发展，到清乾隆年间，宫廷过端阳节，吃粽子、赏粽子、供粽子，粽子的用量达到了惊人的地步。据清乾隆朝《御茶膳房》档案载，清宫自五月初一日起，官内帝、后、妃、嫔的膳桌上就开始摆粽子和粽方。攒盘粽子每一品18个，每粽方为200个粽子，仅乾隆帝膳桌上就摆出"早晚膳攒盘粽子二品，早晚膳备用粽子二方"。此后，初二至初四每日摆出同样的粽子。官内后妃也一如皇帝饮膳之俗，每日摆出粽方。到初五端阳节这天，官内用粽子达到高潮，"初五日早膳，伺候万岁爷攒盘粽子一品，额食四桌，饽饽四桌，奶子八品（一桌），盘肉八盘

（一桌），粽子八盘一桌，粽子两方"。晚膳时，"伺候万岁爷攒盘粽子一品，粽子四盘一桌，配奶皮敖尔布哈四盘一桌，粽子两方"。档案中还记载了"此五日（初一至初五）万岁爷用膳共用攒盘粽子十盘，每盘十八个，粽方四方，每方二百个，粽子十六盘，每盘二十二个"。也就是说，乾隆帝在这一年的端阳节里共用了1332个粽子。御茶膳房为制这些粽子，共用江米（糯米）1373斤9两，白糖577斤，奶油94斤，香油63斤6两，澄沙28斤8两，蜂蜜33斤4两，核桃仁435斤，晒干枣17斤8两，松仁8斤7两，栗子12斤，黑葡萄8斤2两。仅包粽子用的细麻绳就用了18斤。

当然，皇帝的胃口再大，也不可能吃掉这么多粽子。皇帝膳桌上每日摆出的粽子，大多作赏赐用。档案曾记载，五月五日早膳后，随赏军机大臣7位，粽子4盘；师傅8人，粽子4盘；翰林8人，粽子4盘；宫内（水）法官等7人，粽子2盘；懋勤殿翰林4人，粽子2盘；教司学生太监12人，粽子6盘；小太监8人，粽子4盘……此外，皇帝赏后妃、皇子、王公大臣的粽子就更多了。

清宫过端午节的粽子不仅记载在档案中，还将粽子的外形绘于宫廷图画中。故宫博物院珍藏的意大利画家郎世宁秉承乾隆旨意绘制的《午瑞图》中就真实地反映了清宫端阳节景，特别是图中几个呈三角锥形的粽子，个个带有系粽子的马莲草，物品形象逼真，造型准确，竟与300年后的粽子一模一样。另外据档案记载，清宫粽子品种很多，有枣粽、果粽、澄沙粽、奶子粽等。

清·郎世宁 《午瑞图》

5. 七夕巧果

七月七日，是古代妇女的"乞巧"节。在这一天，妇女们要借天上牛郎织女鹊桥相会的时刻向织女"乞巧"，乞求一双灵巧的手和巧技。并且将她们亲制的刺绣、针线及蒸食、雕瓜果等供于桌上，比赛拙巧。宫廷中亦有乞巧的风俗。

唐代宫廷七夕节，宫中用丝织的锦缎搭成高达百尺的"乞巧楼"，楼上摆设瓜果酒宴。到了晚上，牛郎星与织女星露出天空，皇帝亲临乞巧楼，对前来祭拜牛郎织女双星的妃嫔们赐针线，观看他们结线穿针，以卜拙巧。据说，皇帝赐的针有7个孔，谁穿得又快又准，谁就为巧者，即"乞"得"巧"了。乞巧后，皇帝与妃嫔们通宵饮宴。饮宴馔品虽是御厨所出，但他们将花果蔬菜堆雕成美丽的景物图样，用米、面制成巧果糕饼，无一不以寓意妃嫔乞巧为内容。菜肴中的"同心脍"就是取眼明手巧，心心相印之意的。

清代宫廷在七夕节这天，亦有供花果、食花果的风俗。史料记载，七夕早上，清代宫廷就在御花园内设供案祭牛女。供案的设摆有满族特色的鹿肉、腌肉、鲜菜（芹菜、香菜、春不老、王瓜、冰茄子、豉豆角、扁豆角等七样）和历史传统的巧果。到了晚上，后妃及宫女们纷纷对供案虔诚祭拜，乞望得到织女传授女红的天工之巧。香烛燃尽后，分食巧果，以多得者为巧。

巧果是七夕节面类食品的总称。其做法是用油、面、蜜、糖为原料，做成莲蓬荷花、虫鸟金鱼、水果花篮等形状，或蒸或炸成各色新奇精巧的乞巧果子，认为谁吃了巧果，谁就能变巧。江南盛产糯米，就用糯米磨粉做面坯，经油锅一炸，膨松胀裂，形似一朵朵盛开的花朵，吃时撒上白糖，香甜酥脆，十分可口。中原地区以小麦为主，将面粉发酵，制成发面面胚，染上各种食色，上蒸锅蒸熟，晾凉后摆在一起，形态各异。北宋时巧果中有模拟人微笑时脸颊酒窝的"面靥儿"，可称得上是杰作了。清代宫廷制作的巧果工艺讲究，独具特色，命名吉祥。清宫《御茶膳房》档案中记载，乾隆年间制巧果的式样有采芝花篮、太平宝钱、吉祥仙糕、仙葩笊篱、宝塔献瑞、如意云果、万年鸿福7个品种，以取七夕之意。无论是七夕上供或是分赠后妃们，都将7种巧果装在一红色漆食盒内，漆食盒纹饰及盛巧果的盘碗也都以七夕为内容，雕饰花果图案。档案中还记载了制作巧果所用的材料，即每7种巧果（一盒）用"面粉十斤，江米面二斤，白糖三斤，香油四斤，黄米面八两，芝麻八合，梅橘三两，青豆三两，红豆三两，澄沙一斤，红枣六两，绿豆三两，红花水二钱，红棉纸五张，蓝靛二钱"。其中面粉、江米面、白糖、香油、澄沙、干枣是制作巧果的基本原料。其余均为点缀用，如鱼眼用红豆，黄米面作花朵，红枣作花心，青梅橘饼、山楂等果脯作零星装饰，红棉纸、红花水、蓝靛等则用于染色。从以上档案中可以了解到，清宫巧果已与现代的糕点很接近了。

6. 中秋月饼

八月十五是传统的中秋佳节。在这一节日里，古人用祭月、赏月、吃月饼来酬节。史书记载，先秦帝王曾有春祭日、秋祭月的礼俗。周天子时，每年中秋要到都城郊外的月坛祭月。唐代宫廷，已有唐明皇中秋游月宫及《开元天宝遗事》中的"中秋夕，上与贵妃临太液池望月"的记载，为历代宫廷互相沿袭，成为节日习俗，千年无改。至于中秋节吃月饼，传说起源于唐太宗李世民。唐高祖年间（618—626年），北方突厥常常侵犯中原，朝廷多次派兵征讨，都难以平定。到唐太宗李世民继位后，派强将李靖出征，转战边塞，屡战屡胜，捷报频传。八月十五这天李靖班师回京。为了庆祝胜利，长安各界敲锣打鼓迎接其凯旋。当时有个到长安经商的吐蕃人，向太宗皇帝献上一盒圆饼，表示祝捷。太宗接过后，看着圆圆的饼上雕绘着精美的图案，犹如夜空中的皓月，不禁说道："应将胡饼邀蟾蜍（月亮）。"随后，将圆饼分给有功的文武百官共食。从此宫廷中有八月十五吃圆饼的传说。只是当时称圆饼，这可能与唐代面类饼食空前发展有直接的关系。到宋代，中秋节吃月饼的食俗大盛。《武林旧事》和《梦粱录》两本书中都有关于月饼的记载。但是当时月饼的制法很简单，是一种上笼屉蒸制的发面饼，里面有香甜适口的馅心，吃起来也颇有风味。宋代诗人苏东坡曾赋诗曰："小饼如嚼月，中有酥和饴。"至明朝时，中秋月饼制作考究，馅心多样，作为美味佳品在市场出售，成为馈赠亲友的节日礼品。记载明代宫廷饮食好尚的《酌中志》也记有"八月，宫中尝秋海棠、玉簪花。自初一日起，即有卖月饼者……至十五日，家家供奉月饼瓜果。……如有剩月饼，仍整个收贮于干燥风凉之处，至暮岁合分用之，曰'团圆饼'也"。

清代宫廷视中秋节为全年之中仅次于元旦的重要节日，每到中秋，皇帝、皇后率宫中诸人祭月、拜月自不必说，仅吃月饼就有很多特色。清宫月饼种类很多，有用香油合面制成的香油酥皮月饼，也有用精炼后的奶油合面制的奶酥油月饼，还有猪油合面的月饼。有糖馅、有果（蜜饯果脯）馅、有澄沙馅、有枣馅，还有芝麻椒盐的甜咸馅。月饼的形状，有用木模印出月桂、蟾蜍、玉兔、寿星、月宫、嫦娥奔月等优美图案的，也有染成红色的自来红及不染色的自来白的光头月饼。月饼的大小与重量更是悬殊，最大的重10斤，直径1尺2寸；最小的重2两，直径1寸半。其间还有重3两、直径2寸，重4两、直径2寸半，重5两、直径3寸等10多种不同的规格。

每到中秋下午，紫禁城内的乾清宫前摆如意月供。供桌正中摆"月光神码"（也称太阴星君），左摆子母藕，右摆黄豆角，为第一路。第二路月光神码前摆一重10斤的彩画圆光月饼。月饼左边摆鲜果三品（苹果、梨、柿子），西瓜一品；右边摆鲜果三品（葡萄、石榴、桃），西瓜一品（切成荷花瓣形）。第三路正中设香炉，左边摆出茶钟三碗（内注茶水）；右边摆酒钟3件（内盛满酒）。茶、酒前又摆一盘3斤重彩画光圆月饼两个（重叠）一盘，奶子月饼由小至大呈宝塔形。

到了晚上，皓月当空。整个紫禁城沐浴在清朗的月光下。皇帝亲手拈香，行礼。随后，后、妃、宫女依次行礼。香尽，总管太监请皇帝送"焚化"，即焚烧供桌上的月光神码，随焚化，撤供，将10斤大月饼依例放到阴凉处风干，收贮。到除夕晚上，吃团圆饭时分吃。两个3斤重的月饼，按月饼的纹饰切成若干份，呈送皇帝。皇帝按月饼纹饰中的"月光""边栏"等不同部位赏给众人吃。清光绪十五年（1889年）中秋节，皇帝载湉命御茶房切团圆饼，"圆光切成十九块，边栏切成十八块，进圣母皇太后圆光两块，赏皇后圆光一块，瑾嫔、珍嫔各圆光一块"。并赏"储秀宫总管（太监）李莲英圆光一块，边栏一块；总管增禄圆光一块，边栏一块；内总管首领大太监等人圆光二块，边栏一块；督领侍佟禄圆光二块，边栏一块；乾清宫总管圆光二块，边栏四块……"除分食大团圆饼外，每人还能领到皇帝赏赐的月饼一套：重25斤，内有4寸月饼5块，2寸半月饼10块，自来红月饼15块，自来白月饼15块，敖尔布哈（奶皮月饼）10块，及西瓜鲜果、毛豆角等各样鲜果等。

7. 重阳花糕

"中秋才过近重阳，又见花糕各处忙。"九九重阳节与中秋节一样，都是金色秋季中的节日。在这秋高气爽的季节，古人将收获的新粮制成糗（qiǔ）饵（ěr）粉糍（cí），带在身边到郊外登高一望，领略自然美景。因用米制成的干粮古代称为"糕"，恰恰又与登高的"高"谐音，"糕""高"象征万事皆高。九月九日食用重阳糕也就成为传统的饮食习俗。

最早见于文字记载重阳糕的是汉代人刘歆著的《西

京杂记》。书中说，汉高祖刘邦的爱妃戚夫人被吕后残害致死后，其使女贾佩兰离开皇宫嫁给了扶风地方的段儒为妻。她对别人讲起宫中的生活时，谈到每年九月九日吃重阳糕是宫中定例。汉代人认为，重阳糕是长寿食品。重阳糕便成为节日馈赠礼品。其制作也日加精细，讲究外形。为了装饰，在黄米、糯米面为原料的糕上，加上红豆、红枣增添色彩。为了表示吉利，在重阳糕上再放几只面粉制的小鹿，取名为"食鹿高"。为了增加香味，在制作糕时加入蓬草，不仅浓香而且诱人食欲。唐代武则天时，每到重阳节便命宫女采集百花，和米捣碎制成花糕。到两宋时，重阳糕的制作在色、香、味、形几方面都有较大的发展。如《东京梦华录》载，首都开封重阳节前，粉面蒸糕，糕上插有周边剪成美丽纹饰的彩旗。当时制作的狮蛮枣糕、菊糕中还嵌满了栗子、银杏、松仁等，十分精细。《梦粱录》中也记有"以糖面蒸糕，上以猪羊肉、鸭子为丝簇钉，插小彩旗"的重阳糕。明清之际，北京的重阳糕统称为花糕，品种多样。有以江米或黄米捣制后加细果，制成两层或三层馅料不同的美丽花糕，也有以发面加油、糖、果料蒸成、烙成的，糕顶铺撒枣栗、插上各色纸彩旗，颇为精美。

清代宫廷视重阳节花糕为传统美食。自九月初一起，宫中御茶膳房就开始准备做花糕的原料：糯米、黏黄米、粳米，要精心挑选，磨成面粉，再将辅料红枣、核桃、松子、瓜子等去皮去核，苹果脯、山楂脯、青梅、瓜条等蜜饯果脯切成碎块。熬蜂蜜，炼奶油、猪油……九月初二起就开始使用不同熟制方法制出黏花糕、炉花糕、蒸花糕、奶子花糕。每日由皇帝分赐宫内妃嫔及大臣们食用，直到九月初九晚膳为止。

乾隆二十一年（1756年）九月，皇帝一行在木兰行围。虽然每日围猎忙于往返于围场与大帐之中，但膳单上每日都记有重阳花糕照常食用。不仅皇帝、皇太后每日食用花糕，后妃及大臣们也依例得到赏赐。原来，皇帝出巡在外，紫禁城内御茶房每隔3日派果报（送果食的驿使）送花糕一次。档案记载："九月初三日，皮库库使申福随果报发去，恭进皇太后黏花糕32块，鸡蛋松仁馅花糕8块，猪油澄沙馅花糕8块，奶油果馅花糕8块，奶油枣馅花糕8块，共装1柳箱。恭进万岁爷黏花糕64块，鸡蛋果馅花糕16块，奶油枣馅花糕16块，猪油澄沙馅花糕16块，奶油枣馅花糕16块，共装2柳箱，皇后与皇太后同。"九月六日，又由果报发来恭进皇太后、皇帝、皇后的各式花糕4柳箱，计128块。九月初九日，果报又恭进皇太后各式花糕4箱，皇帝8箱，皇后8箱及妃、嫔、大臣们每人1箱。其数量之大，是可以想象的。虽然清帝、后一行行围在外，传统的食重阳糕习俗是丝毫不能马虎的。

8. 腊八食腊八粥

腊月初八食腊八粥，本是佛门子弟的饮食风俗。相传，释迦牟尼为探求人生的永恒哲理，每天以一颗山楂、一粒米充饥，在雪山修行6个年头。忽然有一天身体不支，栽倒在地。一位牧羊女路过那里，把自己带的杂粮和野果，用泉水煮成粥后加羊奶，调成粥糜让他喝。释迦牟尼醒来后，慢慢恢复了体力，继续修行。终于在十二月（腊月）八日凌晨，顿生彻悟，修炼成佛，并创立了佛教。佛教徒将这一天视为佛祖"成道日"。为了纪念佛祖修炼的苦难生活，佛门弟子在这一天用杂粮煮粥，奉献佛祖，并用粥食施舍众人。自此以后，民间善男信女竞相效法，为表敬佛之心，也在十二月八日这天食粥，始称腊八粥。至唐、宋时期广泛流行。《东京梦华录》载北宋首都"初是日"，诸大寺作浴佛会，并送七宝五味粥与门徒，谓之"腊八粥"。《梦粱录》也记载了当时江南临安（今杭州）"八日，寺院谓之'腊八'大刹寺等俱设五味粥，名曰'腊八粥'"，以至民间"是日，各家亦以果子杂料煮粥而食也"（《东京梦华录》）。

历代皇帝推崇佛教，视腊八日为重要节日。元代宫廷则有腊八日赐百官粥的习俗。《燕都游览志》载："十二月八日赐百官粥，以米果杂成之，品多者为胜，此盖循宋时故事。"明代在十二月初八这天，宫廷与民间共食"朱砂粥"，即八宝粥。《永乐大典》记云："是月八日，禅家谓之腊八日，煮红糟粥以供佛饭僧，都中官员士庶，作朱砂粥，传闻禁中亦如故事。"据说明代宫廷为了把腊八粥煮好，提前数天挑米选豆，到初八早晨，以粳米、白果、核桃仁、栗子、菱米煮粥，赏赐宫中文武大臣食用。凡食粥者，无不夸其"精美"。明代宫廷腊八粥之所以精美，还与明太祖朱元璋有关。明太祖朱元璋幼时家境贫困，不得已到寺庙当和尚，在腊月初八那天，因犯寺规，被老和尚囚禁在一间空屋子里。两天过后，他饥肠辘辘，实在难忍饥饿，就到处找东西吃。忽然，他见一只老鼠出没屋角鼠洞，于是奔过去用手挖鼠洞，将老鼠搬去的米、豆扫起，煮成一锅粥。吃下之后，觉得香甜无比。到他做了皇帝以后，还经常留恋那次腊八粥。于是，每到腊月初八这一天，他便命御厨将各种杂粮、果统统集在一起熬粥，赐名"腊八粥"。当然，明代宫廷的腊八粥，与当年鼠洞掏粮相比，有着天壤之别。但对于吃腻了山珍海味的皇帝来说，食一餐热乎乎的腊八粥，也会有美味适口的感觉。

清代宫廷信奉佛、道、萨满教，对食腊八粥这一传统习俗，顶礼膜拜，十分虔诚。腊月初八前二三天，清宫派大臣准备腊八粥的原料，将江米、小米、红枣、桂圆、核桃仁、葡萄干、瓜子仁等，一一精心挑选，然后连同熬粥大锅一同运至雍和宫。雍和宫熬粥是用两个最大号的铜锅。锅口直径2米，锅深1.5米。每只锅内可容纳20石—30石米（每石折合120市斤）。熬粥的厨役都必须经过专门训练，从数百人中精选出10余位身强力壮者，单等腊八这天大显身手。

每年腊月初八这天，雍和宫熬粥的场面十分壮观。围着粥锅站着许多人，最里面三层人分别为熬粥厨役、围粥锅念经的喇嘛和捧经的众僧徒，其余的都是清宫派出来送粥的太监们。按照清宫典制规定，第一锅腊八粥熬成后，由太监们分别送往太庙、寿皇殿及清宫内、西苑内各庙宇佛堂，供祀先祖和神佛。第二锅腊八粥熬成后，太监们用包裹着黄缎套的食盒装好，送到清宫帝、后处，由皇帝颁赐妃嫔皇子皇孙及福晋们食用。第三锅粥熬好，主管熬粥的大臣和雍和宫大喇嘛按皇帝早已拟好的赏赐谕旨分给在京的亲王、各寺庙僧徒。第四锅粥熬成，分给在京文武百官及地方大臣。第五锅粥熬成，分给雍和宫捧经的喇嘛僧徒。第六锅粥熬成，施舍给民间百姓。据史料记载，第三、四两锅腊八粥熬好后，两太监合抬一食盒分别送粥。食盒内装黄色圆盒，盒内中置一碗腊八粥，送粥太监每到一处，受赏太监立即跪接食盒、跪送食盒。送粥太监返回时，还要向其赠以银两，表示对皇帝赠粥的谢恩。

在清代宫廷食品中，粥是他们常吃的饭食。饻（同糊）米粥、绿豆粥、红豆粥、百果粥、糯米粥……品种非常丰富，经常调换花样食用。但腊八日食腊八粥，是清帝对佛教笃信的表现，因而这一天的粥，皇帝看得十分神圣，吃得也非常虔诚。当太监抬着食盒送到清宫时，皇帝亲手将腊八粥摆到佛供前，然后拈香跪拜。待香燃尽后，才将腊八粥取回膳桌上食用。据说吃了神佛享用的腊八粥后，会得到神佛的保佑，一年四季平平安安。清道光皇帝曾作《腊八粥》诗，真实地表达了敬佛的虔诚之心："一阳初夏中大吕，谷粟为粥和豆煮。应节献佛矢心度，默祝金光济众普，盈几馨香细细浮，堆盘果蔬纷纷聚。共尝佳品达妙门，妙门色相传莲炬。童稚饱腹庆升平，还向街头击腊鼓。"直到清光绪时期，腊八日仍在雍和宫熬粥，"供上膳焉"。